U0154955

高等职业教育系列教材

C语言程序设计教程

第3版

吉顺如　辜碧容　唐　政　编著

计春雷　主审

机械工业出版社

本书根据高校非计算机类专业"C 语言程序设计"课程教学大纲编写。在编写中仔细考虑了内容的取舍，突出对基本概念的讲解和叙述，将基本概念和方法的应用放在例题中，结合程序进行讲解，通俗易懂。本书共 9 章，内容包括 C 语言概述，数据类型、运算符和表达式，C 程序中的输入、输出，C 程序的控制结构，数组，函数，指针，结构体与共用体，文件等。每章精心选择典型例题进行分析，选择难易适中的习题供学生课后练习，每章的上机实验题均包括改错题、程序填空题及编程题。

本书适用于高职高专非计算机类专业的学生，也可供对程序设计有兴趣的读者参考。

本书配有授课电子课件，需要的教师可登录 www.cmpedu.com 免费注册，审核通过后下载，或联系编辑索取（QQ：1239258369，电话：010-88379739）。

图书在版编目（CIP）数据

C 语言程序设计教程 / 吉顺如，辜碧容，唐政编著．—3 版．—北京：机械工业出版社，2015.3（2022.1 重印）
高等职业教育系列教材
ISBN 978-7-111-49786-8

Ⅰ．①C…　Ⅱ．①吉…　②辜…　③唐…　Ⅲ．①C 语言－程序设计－高等职业教育－教材　Ⅳ．①TP312

中国版本图书馆 CIP 数据核字（2015）第 061263 号

机械工业出版社（北京市百万庄大街22 号　邮政编码100037）
责任编辑：王　颖　　责任校对：张艳霞
责任印制：常天培
北京机工印刷厂印刷
2022 年 1 月第 3 版·第 8 次印刷
184mm×260mm·16 印张·392 千字
标准书号：ISBN 978-7-111-49786-8
定价：49.00 元

电话服务　　　　　　　　　　　网络服务
客服电话：010-88361066　　　机　工　官　网：www.cmpbook.com
　　　　　010-88379833　　　机　工　官　博：weibo.com/cmp1952
　　　　　010-68326294　　　金　书　网：www.golden-book.com
封底无防伪标均为盗版　　　　　机工教育服务网：www.cmpedu.com

前　言

在 20 世纪 70 年代，C 语言就因为其高效性、灵活性和适应性而广为应用，迅速成为软件开发最主要的程序设计语言之一。随着计算机技术的飞速发展，虽然 C 语言在软件开发领域中的地位已逐渐为可视化编程语言（如 Visual Basic、Visual C++、Delphi 等）所替代，但是在工程应用领域，C 语言依然有着强大的生命力。特别在教育领域，C 语言仍是程序设计课程首选的入门语言。本书就是依据高职高专院校非计算机专业"C 语言程序设计"课程教学大纲编写的专用教材。通过本门课程的学习，使高职高专学生掌握 C 语言程序设计的基础知识、基本概念，掌握 C 语言程序设计的思想和编程技巧，通过实践，提高分析问题和解决问题的能力，为后续课程的学习和应用开发打下扎实的高级语言理论和实践基础。

本书在编写中仔细考虑了内容的取舍，以教学大纲为依据，不刻意追求"系统性和完整性"，而是把应用性作为重点。在教学内容的叙述上，突出基本概念，将基本概念和方法的应用放在例题中，结合程序进行讲解。同时，借助"程序说明"和"注意"等教学提示，帮助学生理解教学内容，少走弯路。为了帮助学生掌握有关的基本概念和方法，每章都精心选择了典型例题进行分析，选择难易适中的习题供学生课后练习。C 语言程序设计是一门理论性、实践性均较强的课程，要注重上机编程实践，因此本书的每个章节后均提供上机实验题，题型包括改错题、程序填空题及编程题。这些练习和实验编程的内容紧扣大纲要求，既有基本练习题，也配有少量有一定难度的题目，教师可根据实际教学情况选用。

本书由吉顺如、辜碧容、唐政编写，吉顺如统稿。全书的例题和习题均上机进行了调试验证。

限于编著者的学识水平，且由于时间仓促，书中错误在所难免，恳请读者提出宝贵意见。

编　者

目　　录

第1章 C语言概述

1.1 C语言简介

1.1.1 C语言的产生

20 世纪 60 年代，随着计算机科学的迅速发展，高级程序设计语言 Fortran、Algol60 等得到了广泛的应用，然而，还缺少一种可以用来开发操作系统和编译程序等系统程序的高级语言，人们只能使用机器语言或汇编语言来编写这些程序，但机器语言和汇编语言存在着不可移植、可读性差、研制软件效率不高等缺点，给编程带来很多不便。于是，在 20 世纪 70 年代初，C 语言应运而生。

C 语言的出现是与 UNIX 操作系统紧密联系在一起的。它最早源于 1968 年发表的 CPL（Combined Programming Language）语言。C 语言的许多重要思想则来源于 M. Richards 在 1969 年研制的 BCPL（Basic Combined Programming Language）语言，以及在 BCPL 语言的基础上，由 K. Thompson 在 1970 年研制、开发的 B 语言。K. Thompson 用 B 语言为 PDP-7 计算机编写了第一个 UNIX 操作系统。随后 D. M. Ritchie 于 1972 年在 B 语言的基础上开发出 C 语言，并用 C 语言完成了在 PDP-11 计算机上实现的 UNIX 操作系统。UNIX 操作系统的巨大成功也是 C 语言的巨大成功。

目前，从微型计算机到大型计算机都支持 C 编译程序。C 编译程序不仅能在 UNIX 操作系统下运行，而且能在 DOS、Windows 和 Linux 操作系统下运行。由于 C 语言本身具有的优越性，它已经成为在各种计算机上、从系统软件设计到工程应用程序开发都能使用的一种高级程序设计语言。

1.1.2 C语言的特点

C 语言主要有如下特点：

1）表达能力强且应用灵活。C 语言是介于汇编语言和高级语言之间的一种程序设计语言。C 语言既有面向硬件和系统、像汇编语言那样可以直接访问硬件的功能，又有高级语言面向用户、容易记忆、便于阅读和书写的优点。

2）程序结构清晰且紧凑。C 语言是一种模块化程序设计语言，支持把整个程序分割成若干相对独立的功能模块，并且为模块间的相互调用以及数据传递提供便利，这种模块化的程序结构与系统工程的结构要求相一致。

3）书写简单、易学。

4）目标程序的质量高。C 语言提供了一个较大的运算符集合，并且其中大多数运算符可直接翻译成机器代码，因此，由它编写的源程序所生成的机器代码质量较高。

5）可移植性好。C 语言通过调用输入、输出函数实现输入、输出功能。而这些函数属于独立于 C 语言的程序模块库，因此，C 语言本身并不依赖于计算机硬件系统，从而便于在不同的计算机之间实现程序的移植。

6）C 语言是结构化程序设计语言，有利于对程序流程实现有效地控制。

7）C 语言提供了丰富的数据类型。它不仅有字符型、整型以及实型等基本数据类型，而且支持构造类型数据，如数组和结构体等，从而可以适应不同的程序需求。

8）C 语言支持指针和指针变量。允许通过指针和指针变量直接访问内存，从而使程序设计更具灵活性。

由于 C 语言具有上述众多特点，已经成为程序设计的主要语言之一，被广泛应用于微处理机和微型计算机的系统软件和应用软件的开发。

1.2 C 程序的结构及书写格式

几十年来所开发的 C 语言编译程序有多种版本，不同版本 C 语言的功能基本上一致，但也存在少量差异，主要体现在标准函数库中所含函数的种类、调用格式和功能上的稍许差别。本书以 1987 年美国国家标准 C 语言为基础，同时兼顾其他不同版本，以通用性、一致性的内容予以叙述。相关的示例均在 Visual C++6.0 编译环境中调试通过。

1.2.1 C 程序的结构

习惯上，称用 C 语言编写的程序为 C 程序。C 程序通常是由一个或几个函数所组成的。下面是最简单的 C 程序示例。说明：本书中程序代码的左边一列数字序号和冒号是为了方便解释程序行而加上的，不属于程序本身。

【例 1-1】 从键盘输入 3 个整数，输出它们的和。

```
1:    #include <stdio.h>              /*本程序计算 3 个整数的和*/
2:    void main()
3:    {    int x,y,z,sum;
4:         scanf("%d,%d,%d",&x,&y,&z);
5:         sum＝x+y+z;
6:         printf("sum＝%d\n ",sum);
7:    }
```

运行本例程序时，首先从键盘以输入 3 个整数，然后求这 3 个整数之和，并将结果以十进制整数形式输出显示在屏幕上。

📝 程序说明：

第 1 行：include 文件包含命令，所有的 C 程序均需有此命令。以 /*开头，并以*／结束的字符行是程序的注释部分，注释可以出现在程序的任何位置，用以帮助阅读和理解程序。运行程序时，注释部分不被执行。

第 2～7 行：C 语言程序的基本结构为：

```
void main()
{
```

```
          语句行（函数体）
      }
```
其中，main()表示主函数。每个 C 程序必须有一个、而且只能有一个主函数。程序从 main()函数开始执行。main 后面的圆括号()是必需的。

花括号{ }内是主函数的函数体部分，函数体由 C 语言的语句序列构成。C 语言中的语句大致分为两类：一类为说明语句，用来描述数据；另一类为执行语句，用来对数据进行操作。每个语句结束时，必须以分号";"结尾。

第 3 行：数据类型说明语句。说明 x、y、z、sum 四个变量均为整数类型的数据。

第 4 行：执行语句。scanf()是 C 语言提供的格式化输入函数。表示从键盘输入三个整数分别赋给变量 x、y、z。其中的%d 表示整数格式。

第 5 行：执行语句。将 x+y+z 的结果赋值给变量 sum。

第 6 行：执行语句。printf()是 C 语言提供的格式化输出函数。其中，\n 表示输出结束后将光标移至下一行的开始处，即换行。

🎵 运行结果：

输入：1，2，3<回车>

输出：sum = 6

【例 1-2】 采用模块结构，改写例 1-1 的程序。

```
1:     #include <stdio.h>
2:     int add(int x,int y,int z )
3:        {      return(x+y+z);
4:        }
5:     void main()
6:        {
7:          int x,y,z;
8:          printf("Please Input Three Integers:\n ");
9:          scanf("%d,%d,%d ",&x,&y,&z);
10:         printf("sum＝%d\n ",add(x,y,z));
11:        }
```

✍ 程序说明：

第 2~4 行：定义函数 add()，括号中的 x、y、z 称为形式参数，该函数的功能是返回 3个整数之和。

第 3 行：将 x+y+z 的结果返回给调用函数 add()的函数 main()。

第 5~11 行：主函数。

第 8 行：人机对话，显示必要的信息，提示用户输入 3 个整数。

第 10 行：输出结果。其中通过 add(x,y,z)调用函数 add()，调用时，将用户输入的 x、y、z 的值传递给相应的形式参数，调用结束时，返回结果，由输出函数 printf()显示结果。

🎵 运行结果：

显示：Please Input Three Integers:

输入：1，2，3<回车>

输出：sum = 6

与例 1-1 的程序比较，例 1-2 将 3 个整数求和的计算从主函数中分离出去，由一个函数 add()实现这一功能，而主函数 main()只承担输入数据、调用函数 add()和输出结果的功能，称这种程序结构为模块化程序结构，相应地，称这种程序设计方法为模块化程序设计方法。模块化程序设计的特点是由不同的函数实现不同的功能，在主函数的统一调度下，实现既定目标。

C 程序的模块化程序结构如图 1-1 所示。

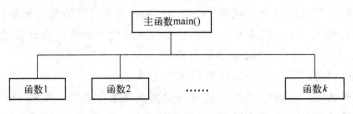

图 1-1   C 程序的模块化程序结构

习惯上称图中的函数 1、……、函数 *k* 为子函数。C 语言规定，主函数可以调用子函数，各子函数之间也可以互相调用，但子函数不可以调用主函数。

采用模块化程序设计的优点是：
- 程序结构清晰、层次分明。
- 易于调试。
- 便于删除或添加功能。
- 符合系统设计的要求。

1.2.2   C 程序的书写格式

C 程序的书写须遵循下列规则：

1）用 C 语言书写程序时较为自由，既可以一行写一个或多个语句，也可以一个语句分几行来写。

2）C 语言规定了若干有特定意义、为 C 语言专用的单词，称为关键字，如例 1-1 中的 main、int、scanf、printf 和例 1-2 中的 return 都是 C 语言的关键字。C 语言规定关键字必须使用小写字母。习惯上，书写 C 程序时均使用小写英文字母。

3）为了看清 C 程序的层次结构，便于阅读和理解程序，C 程序一般都采用缩进格式的书写方法。缩进格式要求在书写程序时，不同结构层次的语句，从不同的起始位置开始，同一结构层次中的语句，缩进同样个数的字符位置。从第 4 章开始，读者能从相关的例子中体会到采用缩进格式书写 C 程序的益处。

4）为了便于阅读和理解程序，应当在程序中适当地添加一些注释行。

1.3   C 程序的开发过程

程序员所编写的源程序（以.c 为文件扩展名）是无法直接运行的，必须由 C 编译程序对其进行编译，最终生成机器代码才能为计算机所识别并执行。C 编译程序首先对源程序进行语法检查，若没有发现错误，编译后将产生目标代码，并生成目标文件（以.obj 为文件扩展名）。若编译程序发现源程序有错误，则输出错误信息，此时，程序员应该对程序进行修改，纠正错误后，再进行编译，直到编译正确为止。需要指出的是：C 编译程序无法检查出用户程序中的算法错误，这类错误只能由用户根据实际问题以及凭经验加以判断和纠正。

经编译程序编译后产生的目标文件还是不能直接在计算机上运行，它仅仅是一个内存地址浮动的程序模块，还需要将程序重新定位在内存中确定的绝对地址上，此外，还必须将目标代码同源程序中所调用的标准函数库文件（如：scanf()、printf()）的目标代码结合起来。这个过程称为"连接"，由 C 语言的连接程序完成，最后生成可执行文件（以.exe 为文件扩展名）。该可执行文件才可以在 DOS 系统下直接运行。

因此，C 程序整个开发过程包括 4 部分：编辑源程序、编译程序、连接程序和运行程序。其示意图如图 1-2 所示。

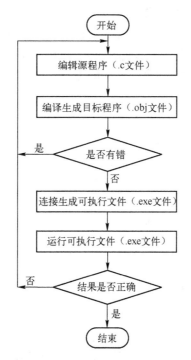

图 1-2　C 程序的开发过程示意图

1.4　典型例题分析

【例 1-3】 以下叙述正确的是（　　　）。

A．组成 C 程序的是函数。

B．组成 C 程序的是 main()函数。

C．C 程序总是从第一个函数开始执行。

D．C 程序中，注释只能位于一条语句之后。

解析：对 C 程序应明确：C 程序的基本单位是函数，C 程序由一个或几个函数构成，其中必须包含 main()主函数。C 程序书写格式自由，每个函数在整个程序中的位置任意，main()主函数不一定出现在程序的开始处，但不管 main()主函数位于程序的何处，C 程序总是从 main()函数开始执行，函数体必须以"{"开始，以"}"结束。程序的注释部分应包括在 /*…*/ 之间，/和*之间不允许留有空格，/*和*/应当成对出现；注释部分允许出现在程序的任何位置，它对程序的执行不产生任何影响。

由此可知，答案是 A。

【例 1-4】 C 源文件的扩展名为（   ）。

A．cpp   B．txt   C．c   D．exe

解析：C 源程序的扩展名为 c，C++源程序的扩展名为 cpp，文本文件的扩展名为 txt，源程序经过编译、连接后得到可执行文件的扩展名为 exe。

由此可知，答案是 C。

【例 1-5】 在 C 语言中，输出操作由（   ）完成。

A．scanf()   B．printf()   C．cout   D．输出语句

解析：C 语言没有提供专门的输入、输出语句，输入和输出都是由 C 语言提供的库函数来完成，其中 scanf()是格式化输入函数，printf()是格式化输出函数，而 cout 是 C++中的标准输出流对象。

由此可知，答案是 B。

【例 1-6】 写出下列程序的输出结果。

```
1: #include <stdio.h>
2: void main()
3: {    int a=2,b=5;
4:      printf("a=%d,b=%d\n",a,b);
5:      a=a+b;
6:      b=a-b;
7:      a=a-b;
8:      printf("a=%d,b=%d\n",a,b);
9: }
```

解析：

第 4 行：执行语句。printf()是 C 语言提供的格式化输出函数。其中，双引号中的%d 表示以整数格式输出，\n 表示输出结束后换行，其他字符应原样输出。

第 5 行：赋值语句。执行之后变量 a 的新值为 a 和 b 之和 7。

第 6 行：赋值语句。变量 b 值是变量 a 的原来值 2。

第 7 行：赋值语句。变量 a 的最新值是变量 b 的原来值 5。

由此可知，通过 5、6、7 三条赋值语句，使变量 a、b 的值交换。所以运行结果为：

```
a=2,b=5
a=5,b=2
```

【例 1-7】 写出下列程序的输出结果。

```
1: #include <stdio.h>
```

```
2：  void main()
3：  {    int a=2,b=5,t;
4：       printf("a=%d,b=%d\n",a,b);
5：       t=a;
6：       a=b;
7：       b=t;
8：       printf("a=%d,b=%d\n",a,b);
9：  }
```

解析：第 5 行：赋值语句。执行之后变量 t 的值为 a 的值 2。

第 6 行：赋值语句。变量 a 的新值是变量 b 的值 5。

第 7 行：赋值语句。变量 b 的新值是变量 t 的值，即变量 a 的原来值 2。

由此可知，通过 5、6、7 三条赋值语句，也可以使变量 a、b 的值交换。所以运行结果为：

```
a=2,b=5
a=5,b=2
```

1.5　实验 1　C 程序运行环境及简单程序的运行

一、实验目的与要求

1）熟悉 C 语言集成编译环境。

2）掌握运行一个 C 程序的基本步骤，包括编辑、编译、连接和运行。

3）通过运行简单的 C 程序，初步了解 C 程序的特点。

4）理解一些最基本的 C 语句。

二、实验内容

1. 下面是一个简单的 C 程序，请编辑、编译、连接和运行该程序，观察并记下屏幕的输出结果。

```
#include<stdio.h>            /*文件包含*/
void main()
{
    int a,b;                 /*定义整型变量 a,b*/
    a=10;                    /*赋值语句，将 10 赋给变量 a*/
    b=a+20;                  /*赋值语句，将 a+10 赋给变量 b*/
    printf ("b=%d\n",b);     /*将变量 b 的值以%d 十进制整数形式输出*/
}
```

【使用 Visual C++实验步骤】

第 1 步：进入 Visual C++环境后，打开"文件"菜单，执行"新建"命令。

第 2 步：在"新建"对话框中选择"文件"选项卡，然后选择 C++ Source File 选项。

第 3 步：在右边的目录文本框中输入准备编辑的源程序文件的存储路径，在文件文本框中输入准备编辑的 C 源程序文件名（如：sy1_1.c）。注意扩展名是.c，然后按"确定"按钮。

第 4 步：在光标闪烁的程序编辑窗口输入上面 C 程序（注意：/*　*/之间的内容为程序注释部分，不执行），程序输入完毕单击"文件"→"保存"，或单击工具栏上的"保存"按钮，也可以用〈Ctrl+S〉快捷键来保存文件。

第 5 步：选择菜单"编译"→"编译"命令，或单击工具栏上的"编译"图标，也可以按〈Ctrl+F7〉快捷键，开始编译。观察调试信息窗口输出编译的信息，如果有错，则修改后再编译，直至编译信息为：0 error(s)，0 warning(s)，表示编译成功。

第 6 步：单击〈F7〉键或工具栏图标 ⌨，生成应用程序的.EXE 文件（如 sy1_1.exe）。

第 7 步：运行程序观察结果。选择菜单"编译"→"执行"，或单击工具栏上的执行图标 ❗，也可以使用〈Ctrl+F5〉快捷键。

2．改错题

1）下列程序的功能为：计算 x+y 的值并将结果输出。请纠正程序中存在错误，使程序实现其功能。

```
#include<stdio.h>
void main()
{
    int x,y;
    x=10,    y=20
    sum=x+y;
    printf("x+y=%d",sum)
    printf("\n");
}
```

2）下面程序的功能是：求半径为 r 的圆面积。请纠正程序中存在错误，使程序实现其功能。

```
#include<stdio.h>
void main()
{
    float r,area;                    /*定义浮点型变量 r,area*/
    printf("Please input r (r>0):");
    scanf("%f",r);                   /*%f 是浮点数格式控制符*/
    area=3.1416r*r;
    printf("r=%6.2f\n",r);
    printf("area=%d\n",area);
}
```

3．程序填空题

1）下面程序的功能是：从键盘输入两个整数，输出这两个整数的和。请根据注释信息填写完整程序，使程序实现其功能。运行程序，观察并记下屏幕的输出结果。

```
#include<stdio.h>
void main()
{
    _____                        /* 定义整型变量 a，b，sum */
```

8

```
        printf("Input a,b please ! ");                    /*输出语句  */
        _____                          /*由键盘输入两个数分别赋予 a 和 b */
        sum=a+b;                                           /*赋值语句  */
        printf("%d + %d=%d\n",a,b,sum);                    /* 输出语句  */
    }
```

2）下面程序的功能是：从键盘输入两个整数，输出这两个整数的差。请根据注释信息填写完整程序，使程序实现其功能。运行程序，观察并记下屏幕的输出结果。

```
        #include<stdio.h>
        void main()
        {
            int a,b,m;
            printf("Input a,b please ! ");
            scanf("%d%d",&a,&b);
            _____            /*赋值语句，将 a 和 b 的差值赋给 m */
            _____            /* 输出 a 和 b 差的结果值后换行 */
            _____            /* 输出 OK! */
        }
```

4．编程题

1）要求从键盘输入两个整数，输出它们的平方差。

2）编程序，要求运行后输出如下信息：

```
        ###########
        @   Hello   @
        ###########
```

1.6 习题

一、选择题

1．以下叙述中错误的是（   ）。

    A．C 语言的可执行程序是由一系列机器指令构成的

    B．用 C 语言编写的源程序不能直接在计算机上运行

    C．在没有安装 C 语言集成开发环境的机器上不能运行 C 源程序生成的.exe 文件

    D．通过编译得到的二进制目标程序需要连接才可以执行

2．C 的合法注释是（   ）。

    A．/*This is a C program /*   B．/* This is a C program */

    C．*/This is a C program */   D．/* This is a C program

3．C 语言中语句的结束符是（   ）。

    A．,   B．;   C．。   D．、

4．以下叙述正确的是（   ）。

    A．C 语言程序将从源程序中第一个函数开始执行

B．可以在程序中由用户指定任意一个函数作为主函数，程序从此开始执行

C．C 程序必须用 main 作为主函数名，程序从此开始执行，在此结束

D．main 可作为用户标识符，用以命名一个函数作为主函数

5．下列说法正确的是（ ）。

A．main()函数必须放在 C 程序开头

B．main()函数必须放在 C 程序的最后

C．main()函数可以放在 C 程序的中间部分，即在一些函数之前另一些函数之后，但在执行 C 程序时是从程序开头执行的

D．main()函数可以放在 C 程序的中间部分，即在一些函数之前另一些函数之后，但在执行 C 程序时是从 main()函数开始

6．C 语言程序的基本单位是（ ）。

A．程序　　　　　B．语句　　　　　C．字符　　　　　D．函数

7．main()函数后面的一对圆括号（ ）。

A．必须有　　　　　　　　　　B．可有可无

C．不需要　　　　　　　　　　D．仅有 main()一个函数时才需要

8．同时定义 x 和 y 两个变量为整型数据时中间用（ ）分隔。

A．，　　　　　B．；　　　　　C．。　　　　　D．、

9．编译程序的功能是（ ）。

A．建立并修改程序　　　　　　B．将 C 源程序编译成目标程序

C．调试程序　　　　　　　　　D．命令计算机执行指定的操作

10．在 C 语言中，输入操作由（ ）完成。

A．scanf()　　　　B．printf()　　　　C．cin　　　　D．输入语句

二、填空题

1．C 程序中的每一个_____完成相对独立的功能。

2．C 程序必须要有一个_____函数，而且只能有一个。

3．函数体的起点和终点用_____表示。

4．_____函数的功能是按照指定的输出格式在显示器上显示指定的内容。

5．C 语言程序总是从_____函数开始执行，并且终止于该函数。

6．函数 scanf ()和函数 printf()中的%d 表示_____格式。

7．C 语言规定，_____可以调用子函数，各子函数之间可以互相调用，但子函数不可以调用_____。

8．C 语言规定，关键字必须使用_____字母。

9．函数 printf()中的 "\n" 表示_____作用。

10．C 语言源程序文件的扩展名是_____，经过编译后，生成文件的扩展名是_____，经过连接后，生成文件的扩展名是_____。

三、读程序，写结果

1．　#include <stdio.h>
　　　void main()
　　　{

```c
        printf ("WELCOME! FRIEND.\n ");
    }
```

2.
```c
    #include <stdio.h>
    void main()
    {
        int a1=6,a2=9;
        printf("a1=%d,a2=%d\n",a1,a2);
        a1=a1+a2;
        a2=a1-a2;
        a1=a1-a2;
        printf("a1=%d,a2=%d\n",a1,a2);
    }
```

3.
```c
    #include <stdio.h>
    void main()
    {
        int x=12,y=16,z;
        printf("x=%d,y=%d\n",x,y);
        z=x;
        x=y;
        y=z;
        printf("x=%d,y=%d\n",x,y);
    }
```

4.
```c
    #include <stdio.h>
    void main()
    {
        int a=2,b=3,c=4;
        printf("a=%d,b=%d,c=%d\n",a,b,c);
        printf("sum=%d\n",a+b+c);
    }
```

5.
```c
    #include <stdio.h>
    void main()
    {
        printf("***************\n");
        printf("    Very good!\n");
        printf("***************\n");
    }
```

四、编程题

1. 编写一个求 3 个整数 15、25、36 之和的程序。

2. 编写程序，要求从键盘输入两个整数，输出它们的平方和。（注：a 的平方可表示为 a*a）

第 2 章　数据类型、运算符和表达式

2.1　概述

数据是 C 程序加工、处理的对象。C 语言提供了丰富的运算符用于实现数据运算，常用的运算符包括：算术运算符、赋值运算符、关系运算符、逻辑运算符和位运算符等。

C 语言能处理、加工的主要数据类型如图 2-1 所示。

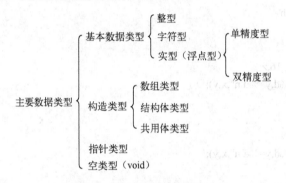

图 2-1　C 语言中的主要数据类型

根据数据在程序运行过程中能否被改变，C 语言将数据分为常量与变量。本章主要介绍基本数据类型的相关知识，其他数据类型将在后续章节中加以叙述。

2.2　常量

在程序运行过程中，其值不能被程序改变的量称为常量。如下面程序中的 3.1415926、2、"Please Input Radius:\n"都是常量。

【例 2-1】　常量的例子。

```
1:  #include <stdio.h>
2:  void main()
3:  {   float r;
4:      printf("Please Input Radius:\n");
5:      scanf("%f",&r);
6:      printf("The Circumference of Cirle: %f\n",2*3.1415926*r);
7:  }
```

✎ 程序说明：

第 3 行：用关键词 float 定义浮点型的变量 r。

第 4 行：输出一行信息，提示用户输入圆的半径。称双引号之间的字符序列为字符串常量。

第 5 行：从键盘输入圆的半径，并将其赋给变量 r，%f 是浮点数据格式控制符。

第 6 行：其中的"*"表示乘法，如果以 3.1415926 作为 π 的近似值，则计算圆周长的公式 2πr 在程序中被表示为"2×3.1415926×r"，这里的 2 和 3.1415926 是不能由程序来改变的，所以是常量。第 6 行语句的作用是计算圆的周长并输出结果。

🖐 运行结果：

显示：Please Input Radius:

输入：2.5<回车>

显示：The Circumference of Cirle: 15.707963

C 语言中使用的常量可按不同的类型分类，如图 2-2 所示。

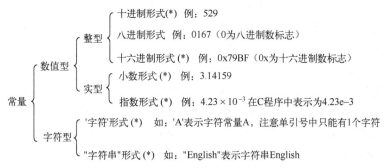

注：表带(*)者为C程序中常用的数据类型。整型的十六进制形式通常用以表示储存地址。

图 2-2　C 语言中常量分类

在 C 程序中，可以用一个标识符代表一个常量，称这样的标识符为符号常量。下例中的标识符 PRICE 即是一个符号常量。

【例 2-2】 定义符号常量的例子。

```
1:  #include <stdio.h>
2:  #define PRICE 30
3:  void main()
4:  {    int num,total;
5:       num=10;
6:       total=num*PRICE;
7:       printf("total=%d ",total);
8:  }
```

✍ 程序说明：

第 2 行：用 #define 命令将符号常量 PRICE 定义为 30，在编译该源程序之前，程序中的 PRICE 都会被替换成 30。

第 6 行：因为已定义符号常量 PRICE 为 30，故 num*PRICE 等同于 num*30。

🖐 运行结果：

显示：total=300

☞ 注意：

当在程序的多个语句中使用同一个常量时，应将其定义为符号常量。这样，当需要改变这个常量的时候，只需在定义处改变符号常量的值即可，编译程序会自动将程序中凡是出现该符号常量的地方用新值来替换，既减轻了修改程序的工作量，又减少了修改过程中可能出现的失误。通常符号常量用大写字母表示。

2.3 变量

2.3.1 变量的概念

在程序运行时，其值可以被程序改变的量称为变量。

在 C 语言中，必须给不同的变量取不同的名字，称之为变量标识符。如例 1-1 中的 x、y、z 就是变量标识符，代表了 3 个不同的变量。在例 1-1 的程序运行时，可以从键盘输入整数值赋给变量 x，y，z。

C 语言把用户给常量、变量、函数、标号和其他对象所起的名字统称为标识符。在例 2-1 中，命令行"#define PRICE 30"将标识符 PRICE 定义为符号常量。

用户在定义变量时，所使用的标识符须遵循如下规则：标识符只能由字母、数字和下划线 3 种字符组成，且第一个字符必须为字母或下划线，C 语言的关键字和库函数名不能作为标识符。

例如，下面的字符序列均为合法的 C 语言标识符：

a，b，word，_file，file2，F_name，f_name

由于 C 编译程序区分大小写字母，所以上述 F_name 和 f_name 是两个不同的标识符。

而下面的字符序列为不合法的 C 语言标识符：

2L——违反了标识符第一个字符必须为字母或下划线的规定。

a**——违反了标识符只能由字母、数字和下划线 3 种字符组成的规定。

int——违反了 C 语言的关键字和库函数名不能作为标识符的规定。

2.3.2 变量的类型

变量根据其形式和所占内存空间的不同，分为若干不同的数据类型，如图 2-3 所示。

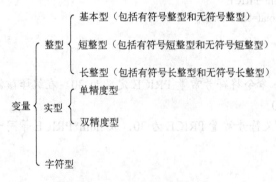

图 2-3　C 语言中变量的数据类型

不同类型的变量所占内存的字节数和取值范围见表 2-1。

表 2-1　Turbo C 和 Visual C++基本数据类型的取值范围

数据类型及类型说明符	Turbo C 字节数	数值范围	Visual C++ 字节数	数值范围
有符号整型　int	2	-32768~32767	4	$-2^{31}\sim (2^{31}-1)$
无符号整型　unsigned int	2	0~65535	4	$0\sim 2^{32}-1$
有符号长整型　long	4	$-2^{31}\sim(2^{31}-1)$	4	$-2^{31}\sim (2^{31}-1)$
无符号长整型　unsigned long	4	0~4294967295	4	0~4294967295
浮点型　float	4	$10^{-37}\sim10^{38}$	4	$10^{-37}\sim10^{38}$
双精度型　double	8	$10^{-307}\sim10^{308}$	8	$10^{-307}\sim10^{308}$
字符型　char	1	0~255	1	0~255

☞ 注意：

1）在设计程序时，应当根据数据本身的特点和变化范围正确选择变量类型。

2）在不同的 C 编译程序中，同一类型的数据所占的字节数可能有所不同，一般情况下，这种差异不会影响 C 程序的通用性。

2.3.3　变量的定义和初始化

1. 变量的定义

C 程序中的变量必须先定义，然后才能引用。定义变量的格式：

　　类型说明符 变量名表列；

其中，类型说明符如表 2-1 所示，变量名表列由变量标识符组成，各变量标识符之间用逗号分开。

例如，语句：

```
int a,b,c;
long x;
float f1;
char m1,m2;
```

分别定义了整型变量 a、b、c，长整型变量 x，浮点型变量 f1 和字符型变量 m1、m2。编译程序将依据表 2-1 为各个变量分配相应的存储单元。

2. 变量的初始化

变量的初始化就是对变量预先设置初值。可以在定义变量的同时对变量初始化。

例如：

```
int a=3;          /* 定义 a 为整型变量，初值为 3   */
float f=3.56;     /* 定义 f 为实型变量，初值为 3.56   */
char c,d='a';     /* 定义 c,d 为字符型变量，变量 d 的初值为字符常量'a' */
```

2.3.4 各类数值型数据间的混合运算

当不同类型的数据混合运算时，运算结果的类型由图 2-4 所示的类型转换原则确定。图 2-4 中横向向左的箭头表示在运算时必定发生的转换，而纵向的箭头表示当运算对象为不同类型的数据时，类型转换发生的方向，不能理解为按图中箭头所指方向逐级转换。

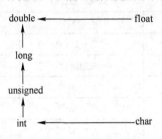

图 2-4 运算中的数据类型转换

【例 2-3】 设程序中定义变量：

```
int i;
float f;
double d;
```

执行运算 i+f*d-(f+i) 时，将发生数据类型的转换。图 2-5 所示给出了在运算过程中所发生的数据类型的转换。

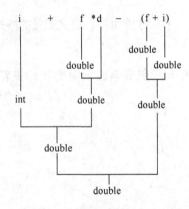

图 2-5 不同类型的数据运算时发生的类型转换

由于浮点型变量 f 参与运算时必须被转换成 double 双精度型，于是，所有参与运算的变量都被转换成双精度型，最后的运算结果也是双精度型。

2.4 算术运算符和算术运算表达式

2.4.1 算术运算符

表 2-2 列出了 C 语言支持的算术运算符，由于这些运算符要求有两个数据（运算对象）参与运算，所以称它们是双目运算符。

表 2-2　基本算术运算符

运算符	名称	例子	运算功能
+	加	a+b	计算 a 与 b 的和
−	减	a−b	计算 a 与 b 的差
*	乘	a*b	计算 a 与 b 的积
/	除	a/b	计算 a 除以 b 的商
%	取余	a%b	计算 a 除以 b 的余数

☞ 注意：

1）对两个整型数据实施除法运算时，结果取整。

例如：10/4 的结果为整数 2。而当其中有一个数据为实数类型时，运算结果为实数类型。例如：10.0/4、10/4.0 或 10.0/4.0 的结果均为浮点数 2.5。

2）参与取余运算的数据必须均为整型数据。

例如：7%4 的结果为 3，而 7.5%3 或 7.5%5.3 则是非法的。

C 语言提供了对数据类型进行强制转换的功能，利用该功能可以将一个表达式强制转换成所需的数据类型，从而可以改变上述运算结果。

强制转换类型的一般格式：

（类型名）（表达式）

例如：

```
(double)(x+y)        /* 将表达式 x+y 的结果转换成双精度型   */
(int)a               /* 将 a 转换成 int 类型   */
```

上述表达式 10/4=2，而表达式(float)10/4 的结果就为 2.5，这是因为(float)10 将整型数 10 强制转换成了浮点型数 10.0。上述表达式 7.5%3 是非法的，而(int)7.5%3 则是合法的，这是因为(int)7.5 将浮点数 7.5 强制转换成了整型数 7，表达式结果为 1。

【例 2-4】　强制类型转换运算符的使用。

```
1:    #include <stdio.h>
2:    void main()
3:    {    float x=3.6,y=6.6;
4:         printf("x+y=%f\n",x+y);
5:         printf("x+y=%d\n",(int)x+(int)y);
6:    }
```

✐ 程序说明：

第 4 行：以%f 浮点格式输出表达式 x+y 的值，结果为 10.200000（C 语言默认浮点格式输出时，小数部分占 6 位）。

第 5 行：将 x 和 y 的类型强制转换为整型后再相加，并以%d 整型格式输出，结果为 9。在将实数类型强制转换为整型时，采用去除小数部分的办法。

☝ 运行结果：

显示：x+y=10.200000

x+y=9

2.4.2　算术运算表达式

用算术运算符和括号将运算对象连接起来、组合成符合 C 语言语法规则的式子称为算术运算表达式。

例如，定义变量：

```
int a,b;
float c;
```

则 a+b、a*b/c-1.5 都是合法的算术运算表达式。

在 C 语言中，称表达式的运算结果为表达式的值。对表达式求值，须按运算符优先级的高低次序执行。对算术运算而言，必须遵循先括号内后括号外，先乘、除及求余运算，后加减的运算优先级规则。

C 语言同时规定了运算符两种不同的结合方向。

1）左结合：当参与运算的数据两侧的运算符优先级相同时，运算顺序为自左至右。算术运算符遵循左结合的规则。

例如，算术运算表达式 a+b-c 中，运算符"+"和"–"具有相同的优先级，所以先执行 a+b，其结果再和 c 相减。

2）右结合：当参与运算的数据两侧的运算符优先级相同时，运算顺序为自右向左。C 语言提供的运算符中有少量运算符遵循右结合的规则。

本书的附录 C 列出了 C 语言中所有运算符以及它们的优先级和结合性。

2.5　赋值运算符和赋值表达式

2.5.1　赋值运算符和复合的赋值运算符

符号"="就是赋值运算符，它的作用是将一个数据赋给一个变量。

例如：设

```
int a;
a=3;
a=a-5;
```

执行语句"a=3;"就完成一次赋值运算，把赋值运算符右边的值 3 赋给赋值运算符左边的变量 a，赋值后，a 的值为 3。再执行语句"a=a-5;"，表示把赋值运算符右边的表达式 a-5 的运算结果-2 赋给变量 a。即 a 的值变为-2。

此例中的 a=3 和 a=a-5 为赋值表达式，相应的语句为赋值语句。

赋值运算符可以和算术运算符结合而构成复合的赋值运算符。

复合的赋值运算符有：

+=、-=、*=、/=、%=

下面的例子说明了复合的赋值运算符的运算规则。

a+=5　　等价于　a=a+5

a*=4-b　　等价于　a=a*(4-b)

a%=b-1　　等价于　a=a%(b-1)

☞ 注意：

复合的赋值运算符右边的表达式是作为一个整体参与其左边算术运算符所规定的运算的。把 a*=4-b 理解为 a=a*4-b 以及把 a%=b-1 理解为 a=a%b-1 都是错误的。

采用复合的赋值运算符可以简化程序的书写，使程序更为精炼，而且执行效率也更高一些。读者应该努力学会这种 C 语言风格的表达方法。

2.5.2　赋值运算表达式

将一个变量通过赋值运算符或复合的赋值运算符与一个表达式连接而成的式子称为赋值运算表达式。

赋值运算表达式的格式为：

变量名 = 表达式

或

变量名 复合的赋值运算符 表达式

如：

x=1.414 ，m1='E', s=3.14159*r*r

或

a+=5，x/=a+1

上述各例都是合法的赋值运算表达式，其作用是把赋值运算符右边表达式的值赋给赋值运算符左边的变量。当算术运算符和赋值运算符同时出现在一个表达式中时，算术运算符的优先级高于赋值运算符。

☞ 注意：

1）不能把赋值运算符看成数学中的等于号，两者在概念上完全不同。以赋值表达式 a=a+5 为例，它表示将变量 a 的当前值加上 5，再将结果赋给变量 a，如果 a 的当前值为 3，那么，执行该赋值运算表达式以后 a 的值为 8。而在数学上 a=a+5 是一个等式，化简后将得出 0=5 的荒谬结论。

2）格式中的表达式部分允许是一个赋值表达式，这样就构成了多重赋值。多重赋值表达式中，赋值运算符遵循右结合的法则，即：自右向左的运算顺序。

例如：多重赋值语句 a=b=c=x+8; 在执行时等价于依次执行 3 个语句：

c=x+8;

b=c;

a=b;

3）在进行赋值运算时，应当注意赋值运算符右边表达式运算结果的类型与被赋值的变量类型的一致性。如果赋值运算符两边的数据类型不同，系统将自动进行类型转换，即把赋值运算符右边的类型转化成左边的类型。具体规则如下：

➢ 浮点型数赋值给整型变量，则舍去小数部分。

➢ 整型数赋值给浮点型变量，则数值不变，但以浮点形式存放，即增加小数部分（小数部分的值为 0）。

➢ 字符型数据赋值给整型变量，由于字符型为 1B，而整型为 2 或 4B，则将字符的 ASCII 码值放到整型量的低 8 位，其他高位为 0。

➢ 整型数赋值给字符型变量，则只把低 8 位赋给字符变量。

【例 2-5】 程序中的自动类型转换。

```
1:   #include<stdio.h>
2:   void main()
3:   {    int a,b,c=333;
4:        float x,y=3.56;
5:        char ch1='A',ch2;
6:        a=y;
7:        b=ch1;
8:        x=c;
9:        ch2=c;
10:       printf("%d,%d,%f,%c,%d\n",a,b,x,ch2,ch2);
11:  }
```

✎ 程序说明：

第 6 行：浮点型变量 y 赋值给整型变量 a，则 3.56 舍去小数部分，a 得到值 3。

第 7 行：字符型变量 ch1 赋值给整型变量 b，则 b 得到字符'A'的 ASCII 值 65。

第 8 行：整型变量 c 赋值给浮点型变量 x，则 x 得到值 333，以浮点形式存放。

第 9 行：整型变量 c 赋值给字符型变量 ch2，则 ch2 得到整数 333 转化成二进制的低 8 位值，对应 ASCII 码值为 77，即'M'。

♪ 运行结果：

显示：3,65,333.000000,M,77

【例 2-6】 字符型变量参与算术运算。

```
1:   #include <stdio.h>
2:   void main()
3:   {    int a;
4:        char i;
5:        a='B'-1;
6:        i=a+10;
7:        printf("a:%d,    a:%c\n",a,a);
8:        printf("i:%d,    i:%c\n",i,i);
9:  }
```

✎ 程序说明：

第 5 行：'B'表示字符常量——大写字母 B，而字符型数据在计算机内部即为它们的

ASCII 码值（0~255 之间的一个整数，请参阅本书附录 A）。C 程序中字符型数据和整型数据在 ASCII 码值的范围内可以通用。大写字母 B 的 ASCII 码值为 66，表达式'B' -1 的值为 65。赋值后，整型变量 a 的值为 65。

第 6 行：表达式 a+10 的值为 75，赋值后，字符型变量 i 的值为 75。查阅 ASCII 码表可知，大写字母 K 的 ASCII 码值为 75，由此可知，赋值语句 i=75; 和 i=' K ';是等价的。

第 7 行：分别以整型格式（以%d 表示）和字符格式（以%c 表示）输出整型变量 a 的值。在以字符格式输出时，是以 a 的整数值 65 为 ASCII 码，输出其对应的字符——大写字母 A。读者可比照理解第 8 行语句的功能。

👉 运行结果：

显示： a: 65,   a: A
　　　 i: 75,   i: K

☞ 注意：

由于 ASCII 码值的范围为 0~255，所以在使用字符格式输出整型变量时，必须注意变量的值不可越界，因为 C 编译程序对此是不作合法性检查的。

【例 2-7】 大小写字母的转换。

```
1:    #include <stdio.h>
2:    void main()
3:    {    char c1='a',c2='B';
4:         c1=c1-32;
5:         c2=c2+32;
6:         printf("c1:  %c,  c2  %c",c1,c2);
7:    }
```

📝 程序说明：

第 3 行：定义字符型变量 c1、c2，初值分别为字符常量'a'、'B'。

第 4 行：由于大写字母和相应的小写字母的 ASCII 码值相差 32，语句 c1=c1-32 将字符'a'转换成'A'并赋给变量 c1。

第 5 行：将字符'B'转换成'b'并赋给变量 c2。

第 6 行：以字符格式输出变量 c1、c2。

👉 运行结果：

显示： c1: A，c2: b

2.6 自加、自减运算符

C 语言为变量提供了自加、自减运算符++、--。

变量自加、自减运算符的作用是改变变量的值，使变量的值加 1 或减 1，根据它们的位置不同，相应的运算规则为：

设 i 为 C 程序中的变量，则：

++i 表示在使用 i 之前，先执行 i+=1，使 i 的值加 1。

--i 表示在使用 i 之前，先执行 i-=1，使 i 的值减 1。

i++ 表示在使用 i 之后，执行 i+=1，使 i 的值加 1。

i-- 表示在使用 i 之后，执行 i-=1，使 i 的值减 1。

上述"使用"指的是 i 加 1 或减 1 前后的其他操作，如赋值、算术运算或输出显示等。

【例 2-8】 自加、自减运算符的应用。

```
1:    #include <stdio.h>
2:    void main()
3:    {    int i=10,j;
4:         float pi=3.14,pa;
5:         j =i++;
6:         pa=++pi;
7:         printf("j=%d, pa=%f\n",j,pa);
8:         printf("i=%d, pi=%f\n", i++,--pi);
9:    }
```

✍ 程序说明：

第 5 行：先执行赋值运算 j=i，然后使 i 的值加 1。结果变量 j 的值为 10，变量 i 的值为 11。

第 6 行：先执行自加运算使 pi 的值加 1，然后执行赋值运算 pa=pi。结果变量 pa 的值为 4.14，变量 pi 的值为 4.14。

第 7 行：%f 为浮点格式控制符，表示以浮点格式输出变量 pa，保留 6 位小数。

第 8 行：执行输出操作，由 i++可知，先输出变量 i 的值 11，然后使 i 的值加 1 变为 12。再由--pi 可知，先使 pi 的值减 1 变为 3.14，然后输出变量 pi 的值 3.14。

☞ 运行结果：

显示：j=10，pa=4.140000

　　　i=11，pi=3.140000

☞ 注意：

自加、自减运算的对象只能是变量。所以，下面各个表达式均是非法的：

2--，(i+1)++，(-i)++，--(i+j)

读者对此可以举一反三，以加深理解。

自加、自减运算符在 C 语言中被广泛使用，已成为 C 程序的主要风格之一。

2.7 位运算符

C 语言为整型数据提供了位运算符。位运算以字节（byte）中的每一个二进位（bit）为运算对象，最终的运算结果还是整型数据。位运算又分为按位逻辑运算和移位运算。

2.7.1 按位逻辑运算符

按位逻辑运算符共有 4 种。

按位逻辑与运算符："&"；按位逻辑或运算符："|"；按位逻辑非运算符："～"；按位逻辑异或运算符："^"。

设用 x、y 表示字节中的二进位，取值为 0 或 1。按位逻辑运算符的运算法则为：

当 x、y 均为 1 时，x&y 的结果为 1，否则为 0。

当 x、y 均为 0 时，x|y 的结果为 0，否则为 1。

当 x、y 的值不相同时，x^y 的结果为 1，否则为 0。

当 x=1 时，～x=0，而当 x=0 时，～x=1。

位运算表达式的格式：

    整型变量名 位运算符&、|或^ 整型变量名

或

    ～整型变量名

更一般地，上述整型变量名可用整型表达式来替代。

【例 2-9】 位运算符的应用。

设有定义：int a=55,b=36; 计算：a&b、a|b、a^b 及～a 的结果。

假定每个整型变量占两个字节(16bit)，则在内存中的二进制数 a、b 为：

        a: 00000000 00110111   b: 00000000 00100100

按上述按位运算的法则，列出下述算式：

a&b:

      00000000 00110111

  & 00000000 00100100

  ―――――――――――――

      00000000 00100100

a|b:

      00000000 00110111

  | 00000000 00100100

  ―――――――――――――

      00000000 00110111

a^b:

    00000000 00110111

^ 00000000 00100100

―――――――――――――

    00000000 00010011

    a: 00000000 00110111

  ～a: 11111111 11001000

上述结果可用下面的程序加以检验：

```
1:      #include <stdio.h>
2:      void main()
3:      {   int a=55,b=36;
4:          printf("a&b=%x，a|b=%x\n",a&b,a|b);
5:          printf("a^b=%x，～a =%x\n",a^b,～a);
6:      }
```

✍ **程序说明：**

第 4～5 行：由于四位二进制数对应一位十六进制数，所以这两种数制之间的转换最直接。这两个程序行通过格式控制符%x 实现以十六进制格式输出 a&b,a|b,a^b 及～a 的结果。

☝ **运行结果：**

显示：   a&b=24， a|b=37

          a^b=13，   ～a=ffc8

上述结果均为十六进制数，若转换成二进制数就是例中所列算式的结果。

2.7.2　移位运算符

C 语言提供的移位运算实现将整型数据按二进制位右移或左移的功能。

向右移位的运算符为：">>"，向左移位的运算符为："<<"。

移位运算表达式的格式：

　　　整型变量名 移位运算符>>或<<整型常量

更一般地，上述整型变量名可用整型表达式来替代。

【例 2-10】 移位运算符的应用。

设有定义 int a=55,b=36; 计算 (a+b)>>2、(a-b)<<3 的结果。

参照例 2-9，a+b 和 a-b 的结果 91 和 19 在内存中的二进制数分别为：

a+b:	00000000 01011011	a-b:	00000000 00010011
(a+b)>>2:	00000000 010110	(a-b)<<3:	00000 00010011
左边补 0		右边补 0	
结果:	00000000 00010110	结果:	00000000 10011000

☞ 注意：

1）左移或右移时出现的空位应当补 0。

2）如果参与移位运算的变量是有符号的整型变量，则应当将最左边的二进制位当做符号位，并根据补码来确定最终的结果。建议读者参考有关计算机组成原理的书籍。

读者可以设计一程序检验上述结果。

2.8　逗号运算符和逗号表达式

C 语言提供一种特殊的运算符——逗号运算符 "，"，用它可以将多个表达式连接起来，组成逗号表达式。

逗号表达式的一般格式：

表达式 1，表达式 2，……，表达式 k

例如，赋值语句 x=(a=3,6*3); 中，赋值号右边括号中的两个表达式 a=3 和 6*3 通过 "，" 组成了逗号表达式。

逗号表达式的运算过程：

依次求表达式 1、表达式 2、……、表达式 k 的值，并以最后一个表达式 k 的值作为整个逗号表达式的值。

这样，语句：x=(a=3,6*3);

等价于：　a = 3;

　　　　x = 6*3;　　　　　　　 /* 将逗号表达式中最后一个表达式 6*3 的结果作为整个逗
　　　　　　　　　　　　　　　号表达式的值，将其赋给变量 x 　*/

若把上述赋值语句 x=(a=3,6*3); 中的括号去掉，得到的逗号表达式为：

x=a=3,6*3;

它等价于：x=a=3;

6*3;

结果以表达式 6*3 的值作为整个逗号表达式的值，但由于没有通过赋值语句保留该值，所以这个结果并无实际意义。在多数情况下，使用逗号表达式的目的只是为了分别得到各个表达式的值。

2.9 典型例题分析

【例 2-11】 下面 4 个选项中，均是合法整型常量的选项是（   ）。

A. 120	B. -0xadf	C. -01	D. -0x48a
0xABCD	01a	98.012	2e5
011	0xe	0668	0x

解析：

由定义可知：

十进制整型常量：以非 0 数字打头的十进制数字串，如 120、-450。

八进制整型常量：以数字 0 打头的八进制数字串，如 04、0102。

十六进制整型常量：以数字和字母的组合 0x 或 0X 打头的十六进制数字串，如 0x7AF2。

所以答案为 A。

【例 2-12】 下面 4 个选项中，均是不合法的变量名的选项是（   ）。

A. apple	B. -apple	C. _apple	D. apple0
std	st%d	s_td	std1
lint	int	_int	int2

解析：

根据变量命名要求：

1）变量名以英文字母或下划线开头。

2）变量名只能由大小写字母、数字、下划线组成。

3）C 语言的关键字不能作为变量名。

因此答案为 B。

【例 2-13】 若有以下类型说明语句：

```
char a;
int b;
float c;
double d;
```

则表达式 a*b+d-c 的结果类型为（   ）。

A．float   B．char   C．int   D．double

解析：

本题是不同类型数据进行算术混合运算。对于双目运算符，其两侧的操作数的类型必须一致。若运算符两侧的操作数的类型不一致，则系统将自动按照转换规则先对操作数作类型转换再进行相应的运算。其结果类型的转换规律如表 2-3 所示。

表 2-3　转换规律型

运算数 1 类型	运算数 2 类型	转换结果类型
int	long	int→long
char	int	char→int
int/long	double	int/long→double
float	double	float→double
unsigned 无符号型	signed	signed→unsigned

所以：

a*b　　　　　　的结果类型为 int 类型

a*b+d　　　　　的结果类型为 double 类型

a*b+d-c　　　　的结果类型为 double 类型

因此答案为 D。

【例 2-14】　若有定义：int a=7;

　　　　　　　　　　float x=2.5，y=4.7;

则表达式 x+a%3*(int)(x+y)%2/4 的值是（　　　）。

A．2.500000　　　　　B．2.750000　　　　　C．3.500000　　　　　D．0.000000

解析：

各个算术运算符的优先级按由高到低的顺序排列为：先括号内后括号外，单目运算符 "+" 与 "-"，双目运算符 "*" "/" "%" 以及双目运算符 "+" 与 "-"。

运算符的结合性为：单目运算符 "+" 与 "-" 的结合方向为从右到左，而双目运算符 "*" "/" "%" "+" "-" 的结合方向为从左到右。

由于 "%" 不能用于 float 类型，7.2%2 是非法表达式。所以本例中使用了强制类型转换，将 float 类型强制转换成 int 类型后再进行计算。根据运算符的优先级由高到低以及运算符的结合性进行运算：

x+a%3*(int)(x+y)%2/4

→2.5+7%3*(int)(2.5+4.7)%2/4

→2.5+7%3*(int)7.2%2/4

→2.5+1*7%2/4

→2.5+7%2/4

→2.5+1/4

→2.5

由于 x 为 float 类型数据，float 类型数据的有效位是 7 位，所以结果为 2.500000。

因此答案为 A。

【例 2-15】　写出以下程序的运行结果。

```
#include <stdio.h>
void main()
{
```

```
int m=2,n;
n=-m++;
printf("m=%d    n=%d\n ",m,n);
}
```

解析：

本题主要理解算术单目运算符（++、--）的使用方法。语句 x=m++；表示将 m 的值先赋给 x 后，然后 m 加 1。而语句 x=++m；表示 m 先加 1 后，再将新值赋给 x。

在程序中，语句 n=-m++；中 m 左边的 "-" 号是负号运算符，右边的 "++" 是自加运算符。负号运算符和自加运算符优先级相同，但结合方向为自右至左。因此该语句相当于两个语句 n=-m；m=m+1；即先赋值后自增。因而 n 的值为-2，m 的值为 3。

程序运行的结果为：

　　　m=3　　n=-2

【例 2-16】 用 sizeof()测试各种数据类型的长度。

```
#include <stdio.h>
void main()
{
    float m=2.34,n=1.25;
    printf("char has %d bytes\n",sizeof(char));
    printf("int has %d bytes\n",sizeof(int));
    printf("long has %d bytes\n",sizeof(long));
    printf("float has %d bytes\n",sizeof(float));
    printf("float m has %d bytes\n",sizeof(m));
    printf("m+n has %d bytes\n",sizeof(m+n));
    printf("double has %d bytes\n",sizeof(double));
}
```

解析：

sizeof()是测试数据长度运算符，用来测试各种数据类型的数据在内存中所占的字节数。在 VC++6.0 中运行该程序的结果：

```
char has 1 bytes
int has 4 bytes
long has 4 bytes
float has 4 bytes
float m has 4 bytes
m+n has 4 bytes
double has 8 bytes
```

☞ 注意：

在 Turbo C 集成环境中，int 型数据在内存中占 2 个字节，而在 VC++6.0 集成环境中 int 型数据在内存中占 4 个字节。

【例 2-17】 编程输出 int 型数据的高、低位字节。

```
#include <stdio.h>
void main()
{
    int hb,lb;
    int a;
    a=0xf234;
    hb=(a>>8)&0x00ff;
    lb=a&0x00ff;
    printf("high byte of a is %d\n",hb);
    printf("low byte of a is %d\n",lb);
}
```

解析：

C 语言中十六进制整型常量是以数字和字母的组合 0x 打头的十六进制数字串。程序第 5 行将一个十六进制数赋给整型变量 a。由 a=0xf234 可知，a 的高字节是 0xf2，低字节是 0x34。

程序第 7 行将 a 右移 8 位，根据算术右移规则，a>>8 的值是 0xfff2，而 0xfff2&0x00ff 的值是 0x00f2（即十进制数 242）。

第 8 行 a&0x00ff 将直接获得 a 的低字节 0x34，因此，lb 的值是 0x0034（即十进制数 52）。

程序的运行结果：

```
high byte of a is 242
low byte of a is 52
```

2.10　实验 2　数据类型、运算符和表达式的使用

一、实验目的与要求

1）掌握 C 语言的常用数据类型及其使用规则。

2）熟悉 C 语言中关于常量、变量、运算符、表达式的定义与引用。

3）自加（++）和自减（--）运算符的使用。

4）进一步熟悉 C 程序的编辑、编译、连接和运行的全过程。

二、实验内容

1. 改错题

1）下列程序的功能为：输出两个字符'A'和'B'及它们的 ASCII 码。请纠正程序中存在的错误，使程序实现其功能。

```
#include<stdio.h>
void main()
{
    char c1,c2;
    c1="A";c2="B";
    printf("%c,%c\n",c1,c2);
```

```
        printf("%d,%d\n",c1,c2);
```

2）下列程序的功能为：从键盘输入 3 门课程的成绩，求出平均分。请纠正程序中存在的错误，使程序实现其功能。

```
#include<stdio.h>
#define NUM=3
void main()
{
    int c,vb,pas,sum;
    float ave;
    printf("Please input c,vb,pas:");
    scanf("%d,%d,%d",c,vb,pas);
    sum=c+vb+pas;
    ave=float(sum)/NUM;
    printf("ave=%f\n",ave);
}
```

2．程序填空题

1）下面程序的功能是：设圆半径 r=1.5，圆周率 3.1415926 用标识符 PI 表示。求圆周长 1 和圆面积 s。请填写完整程序，使程序实现其功能。

```
_____
void main()
{
    float r,l,s;
    r=_____
    l=_____
    s=_____
    printf("r=_____);
    printf("l=_____);
    printf("s=_____);
}
```

2）下面程序的功能是：输出十进制整数 6862 的高、低位字节的十六进制数。请填写完整程序，使程序实现其功能。

```
#include<stdio.h>
void main()
{
    int a=6862,hb,lb;
    hb=(a>>8)&0x00ff;
    lb=_____;
    printf("_____",hb);
    printf("_____",lb);
}
```

3．编程题

1）从键盘上输入 3 个实数，求它们的平均值和乘积。

2）求当 n=5，a=12 时，表达式 a%=(n%=2)的值。

2.11 习题

一、选择题

1. 下面 4 个选项中，均是不合法的整型常量的选项是（   ）。

    A．－－0f1   B．-0Xcdf   C．-018   D．-0x48eg

      -0xffff   016   666   -068

      0011   12,456   5e2   03f

2. 下面 4 个选项中，均是合法浮点数的选项是（   ）。

    A．+1e+1   B．-.60   C．123e   D．-e3

      5e-9.4   12e-4   1.2e-.4   .8e-4

      03e2   -8e5   +2e-1   5.e-0

3. 下面不正确的 C 语言字符串常量是（   ）。

    A．'abcdef'   B．"2121"   C．"8"   D．" "

4. 以下选项中合法的 C 语言字符常量是（   ）。

    A．'\082 '   B．"B"   C．'ab'   D．'\x43'

5. 字符串"pm\x56\\\n\102wq"的长度是（   ）。

    A．8   B．10   C．16   D．17

6. 下面 4 个选项中，均是不合法标识符的选项是（   ）。

    A．A   B．float   C．b-a   D．_123

      P-0   la0   goto   temp

      Do   _A   int   INT

7. 表达式：(int)((double)9/2)-(9)%2 的值是（   ）。

    A．0   B．3   C．4   D．5

8. 已知各变量的类型说明如下：

```
int  i=10,k,a,b;
double  x=1.4,y=5.6;
```

则以下符合 C 语言语法的表达式是（   ）。

    A．a+=a=(b=4)*(a=3)   B．a=a*3=2

    C．x%(-3)   D．y=float(i)

9. 以下不合法的 C 语言赋值语句为（   ）。

    A．++a;   B．n=(m=(p=0));   C．a=b==c;   D．k=a+b=1

10. 若有以下程序段，则变量 c 的二进制值是（   ）。

```
int a=3,b=6,c;
c=a^b<<2;
```

    A．00011011   B．00010100   C．00011000   D．00000110

二、填空题

1．C 语言所提供的基本数据类型包括：_____。

2．已知字母 c 的 ASCII 码为 99，且设 ch 为字符型变量，则以下执行语句的输出为 _____。

```
printf("%c",'c'+'7'-'2');
printf("%d\n",'c'+'7'-'2');
```

3．若定义 int m=8,y=3;则执行 y*=y+=m-=y; 后 y 的值是_____。

4．若定义 int b=18;float a=3.5,c=6.7;则表达式 a+(int)(b/3*(int)(a+c)/2)%4 的值为 _____。

5．若定义 int a=4,b;则表达式(b=6*5,a*4),a+16 的值是_____。

6．若定义 int a=12;则表达式 a+=a-=a*=a 的值是_____。

7．表达式 8/4*(int)2.5/(int)(1.25*(3.7+2.3))值的数据类型为_____。

8．若定义 int a; 则表达式（a=4*5,a*2），a+6 的值为_____。

9．0x10 相当于八进制数_____。

10．运算符"++"、","、"%"、"="中，优先级最高的是_____。

三、读程序，写结果

1. ```
#include<stdio.h>
void main()
{
    int i,j,m,n;
    i=(j=5,m=j--);
    n=++j;
    printf("%d,%d,%d,%d\n",i,j,m,n);
}
```

2. ```
#include<stdio.h>
void main()
{
    char a='B',b=33;
    a=a-'A'+'0';b*=2;
    printf("%c%c\n",a,b);
}
```

3. ```
#include<stdio.h>
void main()
{
    int i,j,k;
    i=1;
    k=(j=++i,i+=j,i+=5);
    printf("%d,%d,%d\n",i,j,k);
}
```

4. ```
#include<stdio.h>
void main()
```

```
    {
        int i;
        i=1;
        printf("%f\n",(float)i);
        printf("%d\n",i);
    }
```
5.
```
    #include<stdio.h>
    void main()
    {
        int d=33;
        printf("%x\n",d>>2);
        printf("%x\n",d<<2);
        printf("%x\n",(d>>1)-8);
        printf("%x\n",(d<<1)+8);
    }
```

四、编程题

1. 从键盘输入半径和高，输出圆柱体的底面积和体积。（提示：圆柱体的底面积 area=πr²；体积 volume=πr²h）

2. 编程输出十进制整数 31278 的高、低位字节的十六进制数。

第3章　C程序中的输入和输出

3.1　概述

从计算机向外部设备（如：显示屏、打印机和磁盘等）输出数据简称为"输出"，从外部设备（如：键盘、磁盘、光盘和扫描仪等）向计算机输入数据简称为"输入"。

由于计算机外部设备种类、规格繁多，而且功能更新快。为了方便用户使用输入、输出设备，C语言不是通过输入、输出语句操作外部设备，而是提供了若干输入、输出函数，一方面，用户只需要调用相应的函数即可实现输入、输出功能。同时也使C语言编译系统变得简单、通用性强、可移植性好。前两章程序中使用的函数 scanf()、printf()就是C程序中最常用的标准输入、输出函数。

C语言提供的大量函数以库的形式存放在C编译系统中，称为C语言的标准函数库。用户程序在使用库函数时，要先使用编译命令"#include"将有关库函数的"头文件"包含在用户的源程序文件中，读者可参考本书的附录D。在调用标准输入、输出库函数时，源程序文件开头应有以下编译命令：

```
#include<stdio.h>
```

3.2　格式输出函数 printf()和格式输入函数 scanf()

3.2.1　格式输出函数 printf()

1．函数 printf()

函数 printf()的调用格式为：

```
printf（格式控制，输出表列）；
```

例如，设已定义

```
int total=3;
float price=4.5;
```

则语句

```
printf("Total Number is %d,Price is %f\n",total,price);
```

表示以%d 整型格式输出变量 total 的值，以%f 浮点格式输出变量 price 的值。

函数 printf()的括弧内包括两部分参数：

1）格式控制部分。这部分是用双引号括起来的字符串，其中包含两种信息：

● 格式说明，由%和格式字符组成。如上例中的%d 和%f，它们的作用是将待输出的数据按指定的格式输出。格式字符的详细说明可见表 3-1。

表 3-1　常用的 printf() 格式字符

格 式 字 符		说　　明
c	(*)	以字符形式输出，只输出一个字符
d	(*)	以带符号的十进制形式输出整数（正数不输出符号）
e 或 E		以指数形式输出实数，数字部分小数位数为 6 位
f	(*)	以小数形式输出单、双精度数，隐含输出 6 位小数
l		用于长整型数据，可加在格式符 d, o, x, u 前面
o		以八进制无符号形式输出整数（不输出前导符 0）
s	(*)	输出字符串
u		以无符号十进制形式输出整数
x 或 X		以十六进制无符号形式输出整数（不输出前导符 0x），用 x 则以小写形式输出十六进制数的 a~f，用 X 时，则用大写字母输出 A~F

注：表中带(*)者为最常用的输出格式。

● 普通字符，即需要按原样输出的字符，例如上例中双引号内的 Total、Number、Price、逗号、空格和转义字符(\n)。

2）输出表列部分。这部分是需要输出的一些数据，通常是表达式，如上例中的 total、price。

【例 3-1】　输出格式控制符的应用。

```
1:  #include<stdio.h>
2:  void main()
3:  {   int   x=35;
4:      float   y=123.456;
5:      char ch='A';
6:      printf("x=%d\n",x);
7:      printf("y=%f\n",y);
8:      printf("y=%10.2f\n",y);
9:      printf("y=%-10.2f\n",y);
10:     printf("ch=\' %c\' \n",ch);
11:     printf("String : \"%s\"\n"," Shanghai");
12: }
```

✍ 程序说明：

第 6~11 行：函数 printf() 格式控制符的具体运用。

第 6 行：%d 表示以十进制整数格式输出 x 的值。格式控制中的 "\n" 称为转义字符，表示将光标移到下一行的起始位置。

第 7 行：%f 表示以小数形式输出 y 的值。在默认的情况下，小数部分占 6 位。由于 y 的值为 123.456，故应输出 123.456000。在不同的计算机上，输出的最后一位小数值可能稍有差异，这是由实数在内存中的存储误差引起的。

第 8 行：%m.nf 表示以小数形式输出 y 的值，整个输出结果共占 m 个字符的位置（其中小数点占一位），小数部分占 n 位，若表达式的小数部分超过 n 位，则四舍五入到小数点后 n 位。如果输出结果不足 m 个字符，则在其左边以空格补足。

第 9 行：%-m.nf 与%m.nf 所表示的格式控制基本相同，不同之处在于，对%-m.nf 而言，如果输出结果不足 m 个字符，则在其右边以空格补足。

第 10 行：%c 表示以字符格式输出变量 ch 的值，"\'" 为转义字符，用于输出单引号字符。

第 11 行：%s 表示以字符串格式输出字符串"Shanghai"，"\"" 为转义字符，用于输出双引号字符。

🎵 运行结果：

显示：　　x=35
　　　　　y=123.456000
　　　　　y=123.46
　　　　　y=123.46
　　　　　ch=' A'
　　　　　String : "Shanghai"

2. 格式转义字符

格式转义字符以 "\" 开头，是一类在 C 程序中有特殊含义的字符，如表 3-2 所示。

表 3-2　格式转义字符

字 符 形 式	功　　能	ASCII 码
\n	换行，将当前位置移到下一行开头	10
\t	横向跳格（即跳到下一个输出区）	9
\b	退格，将当前位置移到前一列	8
\r	回车，将当前位置移到本行开头	13
\"	双引号字符	34
\\	反斜杠字符 "\"	92
\'	单引号字符	39
\ddd	1 到 3 位八进制数所代表的字符	
\xhh	1 到 2 位十六进制数所代表的字符	

注：一个 "输出区" 占 8 列。

格式转义字符的作用：

1）在输出时，通过格式转义字符实现换行和跳格等功能。

2）用以输出单引号字符、双引号字符和反斜杠字符。

3）根据以八进制形式或十六进制形式给出的 ASCII 码值输出相应的字符。

【例 3-2】 转义字符的应用。

```
1:   #include<stdio.h>
2:   void main()
3:   {
4:       printf("Chinese\tEnglish\n");
5:       printf("\"Welcome ,friends!\"\n");
6:       printf("\101,  \x41\n");
7:   }
```

✍ 程序说明：

第 4 行：转义字符'\t'使字符串"English"输出到第 2 个输出区，由于字符串"Chinese"已经占 7 个字符，所以再隔一个空格即是第 2 个输出区。

第 5 行：转义字符 "\"" 用以输出双引号字符。

第 6 行：转义字符\101 和\x41 分别以八进制形式和十六进制形式输出 ASCII 码值 65 的大写字母 A。

👆 运行结果：

显示：Chinese English
　　　"Welcome，friends!"
　　　A，A

3.2.2　格式输入函数 scanf()

函数 scanf()的一般格式为：

scanf(格式控制，地址表列);

其中，格式控制部分的意义与函数 printf()相同，地址表列中的地址由取地址运算符 "&" 和变量名构成。

例如，语句 scanf("%d,%f,%c",&a,&b,&c); 中，"&a ,&b, &c" 为地址表列，各项分别表示变量 a、b、c 在内存中的存储地址。该语句表示依次从键盘输入一个整数、一个浮点数和一个字符，分别送往 a、b、c 所在的内存单元中。

函数 scanf()中的格式控制由一系列格式转换字符组成，如表 3-3 所示。

表 3-3　常用的 scanf()格式字符表

格式字符		说明
c	(*)	用以输入单个字符
d	(*)	用以输入有符号的十进制整数
f	(*)	用以输入实数，可以用小数形式或指数形式输入
L		用以输入长整型数据以及 double 型数据
o		用以输入无符号的八进制整数
s	(*)	用以输入字符串，将字符串送到一个字符数组中，在输入时以非空白字符开始，以第一个空白字符结束。字符串以串结束标志'\0'作为其最后一个字符
u		用以输入无符号的十进制整数
x 或 X		用来输入无符号的十六进制整数（大小写作用相同）
*		表示本输入项在读入后不赋给相应的变量
域宽		指定输入数据所占宽度（列数），域宽应为正整数

注：其中有(*)者为最常用的格式字符。

【例 3-3】 输入格式控制符的应用。

```
1:   #include<stdio.h>
2:   void main()
3:   {    int a,b; float c,d; char e;
4:        scanf("%d %d",&a,&b);
```

36

```
5:      scanf("%f，%f",&c,&d);
6:      scanf("%c",&e);
7:      printf("%d+%d=%d\n",a,b,a+b);
8:      printf("%f-%f=%f\n",c,d,c-d);
9:      printf("%c\n",e);
10:   }
```

📝 程序说明：

第 4 行：格式控制的形式为 "%d %d"，在键盘输入时，两个数据之间必须以一个或多个空格分隔。以回车表示输入结束。

第 5 行：格式控制的形式为 "%f,%f"，在键盘输入时，两个数据之间必须以一个逗号分隔。以回车表示输入结束。若将格式控制中的逗号改成其他符号，相应地，在键盘输入时，两个数据之间也必须以该符号分隔。

🎵 运行结果：

输入：5   8   〈回车〉

　　　2.356,1.556   〈回车〉

　　　w 〈回车〉

则显示：5+8=13

　　　2.356000-1.556000=0.800000

　　　w

☞ 注意：

1）变量名前面的取地址运算符 "&" 不可缺少。如下面的书写格式是错误的：

　　　scanf("%d,%d",a,b);

正确的格式为：

　　　scanf("%d,%d",&a,&b);

2）在输入数据时，遇以下情况时，认为该数据到此结束。

① 按 "回车"、〈空格〉或〈Tab〉键。

② 按指定的宽度结束，如语句 "scanf("%3d",&x);" 中的 %3d 表示输入的整数只能占 3 列的域宽。若从键盘输入 3527 后回车，由于上述对域宽宽的限定，故 x 的值将等于 352。

③ 遇非法输入，如执行语句 scanf("%3d",&x);

若从键盘输入 3w2 后回车，由于在整型数据中出现了非法输入的字符 "w"，故 x 的值将等于 3。

3.3 字符输出函数 putchar()和字符输入函数 getchar()

3.3.1 字符输出函数 putchar()

函数 putchar()用以向终端输出一个字符。

调用函数 putchar()的一般格式：

```
putchar(参数);
```

putchar()的参数可以是字符型变量、字符常量，也可以是整型变量、整型常量，且只能有1个参数。若参数是整型数时，其值应当在字符 ASCII 码值的范围内。

【例3-4】 字符输出函数 putchar()的应用。

```
1:    #include <stdio.h>
2:    void main()
3:    {
4:        char a='C';
5:        int b=97;
6:        putchar(a);
7:        putchar(b);
8:        putchar('t');
9:    }
```

📝 **程序说明：**

第 1 行：在程序中如果要用到函数 putchar()，则应该用命令"#include"将标准输入、输出函数的头文件"stdio.h"包含到用户的源文件中。

第 6~8 行：依次输出字符'C'、'a'、't'。

🎵 **运行结果：**

显示：Cat

3.3.2　字符输入函数 getchar()

函数 getchar()用以从键盘上输入一个字符。

调用函数 getchar()的一般格式：

```
getchar()
```

【例3-5】 字符输入函数 getchar()的使用。

```
1:    #include <stdio.h>
2:    void main()
3:    {
4:        char ch;
5:        ch=getchar();
6:        putchar(ch);
7:        putchar(getchar());
8:    }
```

📝 **程序说明：**

第 1 行：用命令"#include"将标准输入输出函数头文件"stdio.h"包含到用户的源文件中。

第 5 行：从键盘输入一个字符，并将其赋给字符变量 ch。每调用一次函数 getchar()只能接收一个字符。

第 7 行：再次从键盘输入一个字符，紧接着由函数 putchar()将其输出。这次输入的字符由于没有被变量接收，所以未被保留。

🎵 运行结果：

输入：A

显示：A

再输入：k

显示：k

3.4　典型例题分析

【例 3-6】　若 x 为 float 型变量，则以下语句：

```
x=123.45678;
printf("%-4.2f\n",x);
```

A．输出格式描述符的域宽不够，不能输出　　B．输出为 123.46

C．输出为 123.45　　　　　　　　　　　　D．输出为-123.45

解析：

根据 C 语言规定，格式符%m.nf 和%-m.nf 表示以小数形式输出表达式的值。其中用 m 指定输出数据所占的总列数，n 指定小数点后的位数，"-"使输出数据左对齐。当输出数据宽度大于 m 时，数据的整数部分按实际位数输出。本例中输出项 x 值的实际宽度为 9 列，大于格式说明中规定的输出宽度，因此按 C 语言规则，x 值的整数部分（123）应按原样输出，小数部分只保留两位（且要四舍五入），即输出结果为 123.46。答案 B 是正确的。

【例 3-7】　若 a 为 int 型变量，则以下语句：

```
a=1234;
printf("/%-6d/\n",a);
```

A．输出格式描述符不合法　　　　　　　　B．输出为 / 001234/

C．输出为 / 1234　　/　　　　　　　　　　D．输出为 / -01234 /

解析：

通过本题，应当明确：

1）本题的格式字符串中的 " / / " 将按原样输出。

2）若用格式符%6d 输出 a 值，则输出域宽为 6 格；右对齐，左边用空格填满。

3）若用格式符%-6d 输出 a 值，则输出为左对齐。

所以，本例的正确答案是 C。

【例 3-8】　下述 C 程序有 3 处错误，请指出并改正它们。

```
1:    #include<stdio.h>
2:    void main()
3:    {
4:        int a,b,c;
5:        float x;
6:        char ch;
```

```
7:          a=10;
8:          b=2;
9:          c=100;
10:         x=421.53;
11:         ch="A";
12:         printf("%d %d %d\n",a,b,c);
13:         printf("%f\n",x);
14:         printf("%d\n",x/c);
15:         printf("%s\n",ch);
16:    }
```

解析：

1）第 11 行赋值语句 ch="A";右边表达式为一字符串常量，而左边变量为一字符变量，数据类型不匹配。该语句应改为：ch='A'.

2）第 14 行输出项为表达式 x/c，由于 x 是 float 型变量，系统将其自动转换成 double 类型，从而 x/c 的结果值应是 double 型，故其输出格式符应改为"%f"，即 printf("%f\n",x/c)。

3）第 15 行输出项 ch 是 char 型变量，故其输出格式符"%s"应改为"%c"，即 printf("%c\n",ch)。

【例 3-9】 程序填空。

以下程序输入 3 个整数值给 a，b，c，程序把 b 中的值给 a，把 c 中的值给 b，把 a 中的值给 c，交换后输出 a，b，c 的值。例如：假设执行输入语句后 a=10、b=20、c=30；则交换后 a=20、b=30、c=10。

```
#include<stdio.h>
void main()
{
    int a,b,c, __(1)__ ;
    printf ("Enter a,b,c:");
    scanf ("%d%d%d", __(2)__ );
    __(3)__ ;a=b;b=c; __(4)__ ;
    printf("a=%d b=%d c=%d\n",a,b,c);
}
```

解析：

根据题意，要实现 a，b，c 的值交换，需引进一中间变量 t，在 C 程序中的变量都是先定义后使用，所以（1）填 t。

函数 scanf()实现从键盘读入 a，b，c 的值，由于函数 scanf()的地址表列中的变量必须加前缀符"&"，所以（2）中应填&a, &b, &c。

为了实现交换，将变量 a 的值暂存于 t，最后将 t 的值再赋给 c，所以（3）应填 t=a，（4）应填 c=t。

【例 3-10】 从键盘输入一个字符，输出该字符的下一个字符。

程序如下：

```
#include <stdio.h>
```

```
void main()
{
    char ch;
    printf("Please input char: ");
    ch=getchar();
    printf("\n");
    printf("The next char is: ");
    putchar(ch+1);
}
```

解析：函数 getchar()与函数 putchar()是标准输入与输出函数，函数 getchar()的功能是从键盘读取一个字符，函数 putchar()的功能是在显示器上输出一个字符。函数 putchar()只能带一个参数，即一次只能传送一个字符到屏幕上。而函数 getchar()不带任何参数，一次只能接收一个字符，且得到的是字符的 ASCII 码，该值可以赋给一个字符型变量或一个整型变量。调用函数 getchar()与函数 putchar()之前，在程序开头必须有编译预处理命令#include <stdio.h>将相应的头文件 stdio.h 包含在源程序中。

若运行程序，由键盘输入字母 A，则程序的运行结果为：

Please input char: A
The next char is: B

3.5　实验 3　设计并运行简单的 C 程序

一、实验目的与要求

1）掌握各种表达式的使用。

2）熟悉赋值语句的使用。

3）熟悉常用的格式控制符及使用规则。

4）掌握 C 语言中数据的输入与输出方法。

二、实验内容

1．改错题

1）下列程序的功能为：用函数 getchar()读入两个字符给 c1 和 c2，然后分别用函数 putchar()和函数 printf()输出这两个字符。请纠正程序中存在的错误，使程序实现其功能。

```
#include<stdio.h>
void main()
{
    char c1,c2;
    c1-getchar;
    c2=getchar;
    putchar(c1);
    printf("%c",c2);
}
```

2）下列程序的功能为：输入一个华氏温度 F，输出摄氏温度。公式为：$C=\dfrac{5}{9}(F-32)$，输出取 2 位小数。请纠正程序中存在的错误，使程序实现其功能。

```c
#include<stdio.h>
void main()
{
    float c,f;
    printf("Please Input f:\n");
    scanf("%f",f);
    c==(5/9)*(f-32);
    printf("C=%5.2f\n"c);
}
```

2．程序填空题

1）下面程序的功能是：按要求的输入格式输入 x 与 y 的值，按要求的格式输出 x 与 y 的和。请填写完整程序，使程序实现其功能。

输入形式：　　enter x,y: 2　3.4

要求输出：　　x+y=5.4

```c
#include<stdio.h>
void main()
{
    int x;
    float y;
    printf("enter x,y: ");
    _____
    _____
}
```

2）下面程序的功能是：设圆半径 r=3.5，圆柱高 h=5，求圆球表面积、圆球体积、圆柱体积。用 scanf 输入数据 r、h，输出计算结果，取小数点后两位数字。请填写完整程序，使程序实现其功能。（圆球表面积 sq=$4\pi r^2$，圆球体积 vq=$\dfrac{4}{3}\pi r^3$；圆柱体积 vz=πhr^2）

```c
#include<stdio.h>
void main()
{
    float pi,h,r,sq,vq,vz;
    pi=3.1415926;
    printf("Please Input r,h:\n");
    _____;
    sq=_____;
    vq=_____;
    vz=_____;
    printf("r=_____);
```

```
        printf("h= _____);
        printf("sq= _____);
        printf("vq= _____);
        printf("vz= _____);
    }
```

3．编程题

1）要求从键盘上输入 a 的值，计算执行表达式(b=a+2,a*5)，a+16 后 a,b 和表达式的值，输入、输出都要有文字提示说明。

2）要求将"English"译成密码，译码规律是：将字母用它前面的第 4 个字母代替，如'E'用'A'代替，'n'用'j'代替，'g'用'c'代替。

3.6　习题

一、选择题

1．C 语言中数据的输入和输出由（　　　）完成。

    A．语句　　　　　　　B．函数　　　　　　　C．表达式　　　　　D．命令

2．要输入实数，用格式字符（　　　）。

    A．%d　　　　　　　　B．%c　　　　　　　　C．%f　　　　　　　D．%s

3．格式说明由（　　　）和格式字符组成。

    A．%　　　　　　　　B．\　　　　　　　　C．'　　　　　　　　D．"

4．要输出 double 型的数据，用（　　　）。

    A．%f　　　　　　　　B．%lf　　　　　　　C．%d　　　　　　　D．%c

5．运算符+　*　%　=中，优先级最低的是（　　　）。

    A．+　　　　　　　　B．*　　　　　　　　C．%　　　　　　　　D．=

6．下列代表"横向跳格"格式转义字符的是（　　　）。

    A．\b　　　　　　　　B．\t　　　　　　　　C．\r　　　　　　　　D．\n

7．从终端输入一个字符，可以用函数（　　　）。

    A．getchar()　　　　B．putchar()　　　　C．gets()　　　　　D．puts()

8．要实现多个混合数据的输入、输出，用函数（　　　）。

    A．getchar(),putchar()　　　　　　B．getchar(),printf()

    C．scanf(),printf()　　　　　　　　D．scanf(),putchar()

9．函数 putchar()可以向终端输出一个（　　　）。

    A．整型变量表达式　　　　　　　　B．实型变量值

    C．字符串　　　　　　　　　　　　D．字符或字符型变量值

10．有以下程序：

```
    void main()
    {
        int m,n,p;
        scanf("m=%dn=%dp=%d",&m,&n,&p);
```

```
printf("%d,%d,%d\n",m,n,p);
    }
```

若想从键盘上输入数据，使变量 m 的值为 123，n 的值为 456，p 的值为 789，则正确的输入是（　　　）。

A．m=123n=456p=789　　　　　B．m=123　n=456　p=789

C．m=123,n=456,p=789　　　　　D．123　456　789

二、填空题

1．要使用标准的 I/O 库函数，必须在程序的开头包含_____文件。

2．格式化输出函数是_____，它的功能是按照用户指定的格式，在标准输出设备上输出数据。

3．%m.nf 表示数据输出的总宽度占_____列，其中小数部分占_____列。

4．格式化输入函数是_____，它的功能是按照指定格式要求，从终端把数据依次传送到输入项地址列表所指定的内存空间中。

5．转义字符是由_____符号开始的单个字符或若干个字符组成的。

6．在函数 printf()的格式字符中，f 格式字符的作用是以小数形式输出_____数，隐含输出_____位小数。

7．执行语句 char a=63;printf("%d,%u,%o,%x",a,a,a,a);的输出结果是_____。

8．有以下程序

```
#include <stdio.h>
void main()
{   char c1,c2,c3,c4,c5,c6;
    scanf("%c%c%c%c",&c1,&c2,&c3,&c4);
    c5=getchar();c6=getchar();
    putchar(c1);putchar(c2);
    printf("%c%c\n",c5,c6);
}
```

程序运行后，若从键盘上输入：

123<回车>

45678<回车>

则输出结果是____。

9．有以下程序段：int j;float y;scanf("%2d%f",&j,&y);从键盘上输入 55566　7777abc 后，y 的值为____。

10．若有定义 char c1='A',c2='D';已知字符 'A' 的 ASCII 码值是 65，则执行语句 printf("%d,%c",c1,c2-2);后的输出结果是____。

三、读程序，写结果

```
1.  #include <stdio.h>
    void main()
    {
        printf("\n*s1=%18s* ", "abcdefghijklm ");
```

```
        printf("\n*s2=%-6s* ", "def");
    }
```

2.
```
    #include <stdio.h>
    void main()
    {
        int a=8,b=10;
        float x=21.3456,y=-123.123;
        char c= 'C';
        printf("%d,%d\n ",a,b);
        printf("%3d%3d\n",a,b);
        printf("%8.2f,%8.2f\n",x,y);
        printf("%c,%d,%o,%x\n",c,c,c,c);
        printf("%s,%5.3s\n","COMPUTER","COMPUTER");
    }
```

3.
```
    #include <stdio.h>
    void main()
    {
        char ch;
        ch=getchar();
        putchar(ch);
        putchar('\n');
        putchar(getchar());
        putchar('\n');
    }
```

假设从键盘上输入：ab<回车>

4.
```
    #include <stdio.h>
    void main()
    {
        char c1='a',c2='b',c3='c',c4='\101',c5='\x42';
        printf("12345678\n");
        printf("a%c b%c\tc%c\tabc\n",c1,c2,c3);
        printf("%c %c\n",c4,c5);
    }
```

5.
```
    #include <stdio.h>
    void main()
    {
        int i=0,j=0,k=0;
        scanf("%d%*d%d",&i,&j,&k);
        printf("%d,%d,%d\n",i,j,k);
    }
```

假设从键盘输入：10 20 30<回车>

四、编程题

1. 编写程序，从键盘上输入某一字母的 ASCII 码，如：97（字母 a），65（字母 A）等，用函数 putchar()在屏幕上输出该字母。

2. 编程序：输入三角形的三条边，输出三角形的面积。三角形面积的计算公式如下：

三角形面积=$\sqrt{s(s-a)(s-b)(s-c)}$，其中，s=(a+b+c)/2

（提示：求平方根要用函数 sqrt()，并且在程序开头需加#include <math.h>）

第 4 章　C 程序的控制结构

4.1　程序算法简介

著名的计算机科学家沃思（Nikiklaus Wirth）提出过一个关于程序的公式：

$$数据结构+算法=程序$$

也就是说，一个程序应该包括以下两方面的内容。

● 数据结构——对数据的描述。如前面所介绍的各种数据类型就是最简单的数据结构。

● 算法——对操作的描述。

然而，只有这些还不够。为了得到一个高效的、清晰的和正确的程序，还应当采用结构化程序设计方法进行程序设计。C 语言就是一种优秀的结构化程序设计语言。

本章将介绍有关算法的基本概念，并详细讨论 C 语言结构化程序设计中 3 种基本结构：顺序结构、选择结构和循环结构。

4.1.1　算法的概念

在计算机应用领域，把解决应用问题而采取的方法和步骤称为"算法"。

例如，为了求 1+2+3+4+…+100 的结果，可以有下面两种不同的算法。

算法一：先作 1+2，再加 3，再加 4，一直加到 100，最后得到结果：5050。

算法二：利用等差数列求和公式：

$$1+2+3+\cdots+n=\frac{1}{2}n(n+1)$$

从表面看，算法一需要进行 99 次加法运算，而算法二只需要进行 1 次加法运算和 2 次乘法运算。似乎，算法二优于算法一。但是，换一个角度考虑，结果却大不一样：

● 算法二不具有普遍性，许多级数求和问题是不能简单地用公式表示的，如：

$$cos1+cos2+cos3+\cdots+cosn$$

● 算法一所反复实施的是两个数的加法运算：

1，1+2，(1+2)+3，(1+2+3)+4，…，(1+2+3+…+99)+100

这种看似枯燥、单一、反复实施的运算，利用 C 语言提供的选择结构和循环结构却是很容易实现的，而且这一算法适用于不同的级数求和问题。由于计算机具有极高的运算速度，这样的程序结构恰好发挥了计算机的特长。

由此可知，对程序设计而言，算法一比算法二更直观。程序设计人员必须明白，选择一个好的算法是设计出高质量程序的前提。

【例 4-1】　为计算 1+2+3+…+n 设计一个算法，其中 n 的值由键盘输入。

根据前面所作的分析，1+2+3+…+n 可看成是由如下的计算序列所完成的：

1，1+2，(1+2)+3，(1+2+3)+4，…，(1+2+3+…+(n-1))+n

序列中的某一次计算，是在其前一次计算的基础上，加上新的加数的结果，而新的加数又等于前一次计算中的加数加 1 而成。比如：

序列中的第二次计算：1+2，1 是被加数，2 是加数。而第三次计算：(1+2)+3 是在 1+2 的基础上再加上加数 3，而这一次的加数 3 等于上一次计算中的加数 2 加上 1。读者可以推而知之，理解原计算序列中相邻两次计算之间的关系。

称每次计算的结果为"部分和"，将其存放在变量 sum 中，每次计算时的加数存放在变量 i 中，那么，计算 1+2+3+…+n 的算法步骤如下所述。

步骤 1：从键盘输入 n。

步骤 2：0→sum （使变量 sum 具有初值 0）。

步骤 3：1→i（使变量 i 具有初值 1）。

步骤 4：sum+i→sum（用 sum+i 的值取代 sum 原来的值）。

步骤 5：i+1→i（使变量 i 的值增 1）。

步骤 6：若 i≤n，再返回到步骤 4，否则结束。

该算法中，步骤 4～6 组成一个循环，最后的计算结果存放在变量 sum 中。

上述算法中的每一个步骤都可以用 C 语言来描述，并最终成为一个完整的 C 程序。

4.1.2 算法的表示

通常，将算法用流程图来表示。所谓流程图就是用一些图框表示各种操作，用图形表示算法，直观形象，易于理解。程序流程图常用符号如图 4-1 所示。

例 4-1 中的算法可用图 4-2 所示的流程图表示。

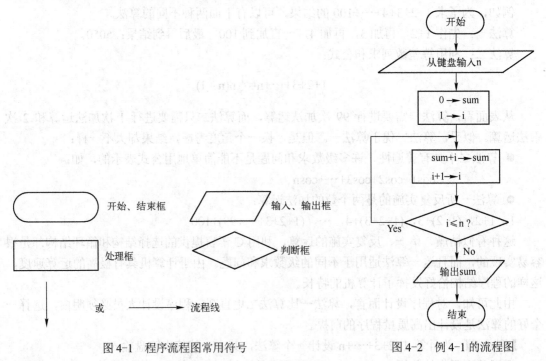

图 4-1 程序流程图常用符号   图 4-2 例 4-1 的流程图

思考题：

修改例 4-1 的算法，使其成为计算 $1 \times 2 \times 3 \times \cdots \times n$（n 为由键盘输入的正整数）的算法。

4.1.3 算法的特性

并非任意的操作步骤序列都能成为算法。一个算法应该具有以下特点。

● 有穷性：一个算法所包含的操作步骤必须有限的。

● 确定性：算法中每一个步骤的含义必须是明确的，不能有二义性。

● 有零个或多个输入：数据是程序加工和处理的对象，如果算法中的数据是程序自带的，而不是来自计算机外部，则可以没有输入操作，否则，算法必须包括输入操作步骤。

● 有一个或多个输出：通过输出了解算法执行的情况及最后的结果。

● 有效性：算法中的每一个步骤都应当是可以被执行的，并能得到确定的结果。

所以，对照例 4-1 的算法：

● 算法从步骤 1~6，经过有限次循环后能正常结束，符合有穷性的要求。

● 算法的每一个步骤的含义都是明确无误的，符合确定性的要求。

● 算法中有输入。

● 算法中有输出。

● 算法的每一个步骤都能用 C 语言来表述，是能被计算机执行的。

可知，例 4-1 的算法符合算法的所有特点。

4.2 顺序结构程序设计

4.2.1 顺序结构的构成

结构化程序设计中，主要有 3 种基本结构：顺序结构、选择结构和循环结构。其中顺序结构是最基本、最直接的程序结构，在程序执行时，按语句的先后次序依次执行，直至结束。

【例 4-2】 编写程序，要求从键盘输入圆的半径 r，计算圆的面积 s 和周长 l。

```
1:      #define PI 3.1415926
2:      #include <stdio.h>
3:      void main()
4:      {    float s,l,r;
5:           printf("Please Input r");
6:           scanf("%f",&r);
7:           s=PI*r*r;
8:           l=2*PI*r;
9:           printf("r=%f,s=%f,l=%f\n",r,s,l);
10:     }
```

程序说明：

第 1 行：宏定义命令，定义符号常量 PI。C 的编译程序在对源程序编译之前，将源程序中凡有 PI 的地方全都用 3.1415926 来替换。

第 5 行：显示 Please Input r，提示用户输入数据。这是一种人机交流的方法。

第 7 行：本行和第 8 行都是赋值语句，本行将表达式 PI*r*r 的值赋给变量 s。在 C 程序中，r^2 必须写成 r*r，或用函数 pow() 表示成 pow(r,2)（原语句可改为 s=PI*pow(r,2);）。类似地，r^3 可表示为 r*r*r 或 pow(r,3)。请读者注意，函数 pow() 属于 C 语言提供的数学函数，在使用时要在源程序的开始处使用#include<math.h>将其头文件包含进来。常用的 C 语言数学函数可参阅书后的附录 D。

【例 4-3】 从键盘上输入一个 3 位正整数，然后逆序输出。例如，若输入 483，则输出 384。

分析：算法的关键是如何依次获得 3 位正整数的个位数、十位数和百位数数字。根据题意，用输入的 3 位数（例如 483）对 10 求余数，即得其个位数数字 3；然后用 10 去整除输入的 3 位数得商数（48），再对 10 求余数即得其十位上数字 8；对输入的 3 位数整除 100 即得其百位上数字 4。

程序如下：

```
1:    #include <stdio.h>
2:    void main()
3:    {   int n,g,s,b,k;
4:        scanf("%d",&n);
5:        g=n%10;                 /* 个位 */
6:        s=n/10%10;              /* 十位 */
7:        b=n/100;                /* 百位 */
8:        k=g*100+s*10+b*1;       /* 求逆序的 3 位数 */
9:        printf("%d=%d*100+%d*10+%d*1\n",k,g,s,b);
10:   }
```

程序说明：

第 4 行：输入一个 3 位数的整数，并赋值给变量 n。

第 5~7 行：分离出 3 位数的个位、十位、百位。

第 8 行：将分离后的个位数 g、十位数 s、百位数 b，重新组合得到逆序的 3 位数 k。

第 9 行：输出结果。若输入 483，输出格式为：384=3*100+8*10+4*1。

4.2.2　C 程序的基本语句

C 程序的主要组成部分是语句，语句经过编译后会产生成机器指令，指导计算机完成相应的任务。C 程序中的语句都是以分号"；"作为结束标记。C 语言的语句可以分为以下 5 类。

1. 表达式语句

表达式语句是由一个表达式加一个分号组成，最常用的是赋值表达式语句。如：

s=PI*r*r;

```
            g=n%10;
```

2．控制语句

控制语句主要针对选择、循环结构进行控制。C 语言有 9 条控制语句。可以分为以下几类。

（1）选择语句（2 条）：if()…else、switch

（2）循环语句（3 条）：for、while、do…while

（3）转向语句（3 条）：continue、break、goto

（4）返回语句（1 条）：return

3．函数调用语句

在函数调用时使用的语句，例如：

```
    printf("y=%d\n",y);
```

4．空语句

单独由"；"构成的语句，该语句不执行任何操作，可以用来作为循环语句中的循环体。空语句的作用主要是产生延迟。

5．复合语句

将若干语句用{}括起，使其在语法上相当于一个语句，例如下面的一个复合语句。

```
    {    x=a-b;
         printf("%d",x);
    }
```

4.2.3　编译预处理命令

在 C 程序中，凡是以"#"字符开头的，都称为编译预处理命令，每个命令占用一个程序行，注意命令尾部不使用"；"作为结束符。

所谓预处理就是 C 编译程序在对 C 源程序进行编译之前，由预处理程序对预处理命令行进行处理的过程。

常用的 C 语言编译预处理命令有宏定义、文件包含及条件编译。它们为程序调试、程序移植等提供了便利，正确地使用编译预处理命令可以有效地提高程序开发效率。本节主要介绍编译预处理命令：宏定义和文件包含。

1．#define 宏定义

宏定义预处理命令#define 的作用是把一个标识符定义为一个字符串。

#define 预处理命令的格式：

```
    #define   标识符 字符串
```

在编译预处理时，编译系统把源程序中出现的该标识符，均以定义的字符串替换。通常将标识符称为宏名，将替换过程称为宏替换。

例如：

```
    #define   E_MS   "Standard error On input \ n"   /* 这里的""是字符串的一部分 */
    printf(E_MS);
```

编译预处理时，凡遇到标识符 E_MS 时，就用字符串 "Standard error on input ＼n" 替换。因此，语句 printf((E_MS); 经编译预处理后成为：

　　printf("Standard error on input ＼n");

这是一个显示"Standard error on input"的 C 程序语句。

C 程序普遍使用大写字母定义宏名标识符，而且习惯上将所有的#define 命令都放到源程序的开始处。

宏定义常用于定义符号常量，例如：

```
#define PI 3.1415926
#define N 10
#define CITY Shanghai
```

这里的 3.1415926、10 和 Shanghai 都是字符串，尽管它们没有用双引号括起来，读者不要把这里的字符串和 C 程序中的字符串常量混同起来。

#define 预处理命令允许宏名带形式参数，称为带参数的宏。

带参数的宏的格式：

　　#define　标识符(形参表)　字符串

编译预处理时，遇到带参数的宏名时，与之相联的形参由程序中的实参替换，但是，C 程序中用双引号括起的字符串中的宏名将不被替换。

【例 4-4】 宏名替换示例。

```
1:    #include <stdio.h>
2:    #define MIN(a,b) (a<b)?a:b
3:    void main()
4:    {
5:        int x,y;
6:        x=100;
7:        y=200;
8:        printf("TheMIN(x,y)is:%d\n",MIN(x,y));
9:    }
```

📝 程序说明：

第 2 行：带参数的宏定义。

第 8 行：编译预处理时，宏名 MIN 中的形参 a、b 分别用程序中宏名 MIN 的实参 x、y 来替换，于是程序中的 printf()语句被替换成如下形式：printf("The MIN(x,y) is: ％d ＼n", (x<y)?x：y);。在宏替换时，printf()语句中，用双引号括起的字符串中的宏名 "MIN(x,y)" 未被替换。

👉 运行结果：

```
TheMIN(x,y)is:100
```

2. #include 文件包含

文件包含预处理命令#include 的作用是使一个源文件可以将另外一个源文件的全部内容

包含进来，如图 4-3 所示。

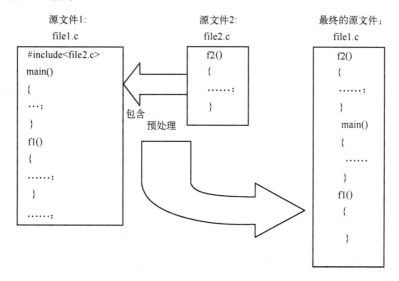

图 4-3　文件包含预处理

执行#include 预处理命令后，把 file2.c 插入 file1.c 的#include 命令的位置处，使 file2.c 文件内容成为源程序 file1.c 的一部分。

#include 预处理命令的两种格式。

格式 1：#include <包含文件名>

格式 2：#include "包含文件名"

其中，包含文件名是指存放在磁盘上的待包含的源文件名。

当使用格式 1 时，C 编译系统到存放 C 语言库函数头文件所在的目录中搜索包含文件，称这种方式为标准方式。而使用格式 2 时，表示按指定的路径搜索。未指定路径时，则在当前目录中搜索，若找不到，再按标准方式查找。

例如，经常使用的#include 命令：

#include<stdio.h>、#include<math.h>、#include<string.h>

均使用第一种格式将相应的库函数头文件包含进来。

若被包含的文件不在当前盘符的磁盘中，则应当给出其完整的路径。

例如，设被包含的文件路径 "C:\myfiles\file2.c"，则相应的#include 命令为：

#include "C:\myfiles\file2.c"

4.3　关系运算符和关系运算表达式

4.3.1　关系运算符

C 语言提供 6 种关系运算符用于表达式之间的比较：

大于比较运算符：　　　　　>　　　小于比较运算符：　　　　　<

大于等于比较运算符：　　>=　　　小于等于比较运算符：　　<=

等于比较运算符:　　　 == 　　　　 不等于比较运算符:　　　 !=

☞ 注意:

关系运算符 "==" 和赋值运算符 "=" 所定义的是完全不同的两种运算,前者用于两个表达式之间的比较,而后者用于给变量赋值。

在上述 6 种关系运算符中,按运算优先级可分为两组: >、<、>=、<= 具有相同的运算优先级为一组,== 和!=也具有相同的运算优先级,为另一组。后一组的运算优先级又低于前者。同优先级的关系运算符遵循左结合——自左至右的结合方向。

4.3.2　关系运算表达式

两个表达式通过关系运算符连接而成为关系运算表达式。

关系运算表达式的一般形式为:

　　　<表达式 1><关系运算符><表达式 2>

例如: c>a+b、a! =2、-5<=b-c 都是合法的关系运算表达式。

关系运算表达式的结果为逻辑值 "真"(True)或 "假"(False)。在 C 语言中,以 0 表示 "假",以 1 表示 "真":

$$逻辑值 = \begin{cases} 1(表示 "真")——当关系运算表达式成立时。 \\ 0(表示 "假")——当关系运算表达式不成立时。 \end{cases}$$

如果在关系运算表达式中同时出现算术运算符和关系运算符,则算术运算符优先于关系运算符。如果同时还有赋值运算符,则赋值运算符的优先级是最低的。

【例 4-5】　设: a=3, b=4, c=5, 判断下列各关系运算表达式的结果。

(1) x=b>a

由于关系运算符优先于赋值运算符,所以原式等价于 x=(b>a),由题设可知 b>a 的结果为 1,故最后执行赋值运算 x=1。

(2) a!=b>=c

由于关系运算符!= 的运算优先级低于关系运算符>=,所以原式等价于 a!=(b>=c),由题设可知 b>=c 的结果为 0,原式可化为 a!=0,其结果为 1。

(3) (a>b)>(b<c)

由题设可知,a>b 的结果为 0,b<c 的结果为 1,原式可化为 0>1,其结果为 0。

(4) f=a<b<c

由于同优先级的关系运算符遵循自左至右的结合方向,故原式等价于:

　　　　　　　　　　　　f=((a<b)<c)

由题设可知,a<b 的结果为 1,(a<b)<c 的结果为 1,最后执行赋值运算: f=1。

4.4　逻辑运算符和逻辑运算表达式

4.4.1　逻辑运算符

逻辑运算符规定了针对逻辑值的运算,逻辑运算的结果是逻辑值 1 或 0。C 语言提供 3

种逻辑运算：逻辑与运算、逻辑或运算和逻辑非运算。为了方便程序设计，C 语言扩大了参加逻辑运算的数据范围，所有参加逻辑运算的表达式只有 0 与非 0 之分，如果其值不为 0，就认为该表达式的逻辑值等于 1。否则，该表达式的逻辑值等于 0。

下面分别介绍 C 语言中的 3 种逻辑运算，设 A 和 B 代表参加逻辑运算的表达式。

● 逻辑与运算（运算符　&&）

运算法则：A&&B 的结果为 1，当且仅当 A，B 值均为非 0，否则，A&&B 的结果为 0。

例如：1&&0 的结果为 0，-5&&3.14 的结果为 1，0&&0 的结果为 0。

● 逻辑或运算（运算符　||）

运算法则：A||B 的结果为 0，当且仅当 A，B 的值均为 0，否则，A||B 的结果为 1。

例如：1||0 的结果为 1，-5||3.14 的结果为 1，0||0 的结果为 0。

● 逻辑非运算（运算符　!）

运算法则：!A 的结果为 0，当且仅当 A 的值为非 0，否则，!A 的结果为 1。

例如：!0 的结果为 1，!3.14 的结果为 0。

图 4-4 说明了包括逻辑运算符在内的各类运算符的运算优先级的高低。

```
高   逻辑运算符：!
 ↑   算术运算符：+、-、*、/、%
 |   关系运算符：>、<、>=、<=
 |   关系运算符：==、!=
 |   逻辑运算符：&&、||
低   赋值运算符：=、+=、-=、*=、/=、%=
```

图 4-4　运算符优先级示意图

4.4.2　逻辑运算表达式

由逻辑运算符连接而成的表达式为逻辑运算表达式。

逻辑运算表达式常用来表示若干条件的组合。

例如：在 C 程序中，不能直接使用代数不等式：$-1 \leq x < 8$ 且 $x \neq 3$

而应将其中的条件：$-1 \leq x$、$x < 8$ 及 $x \neq 3$ 用关系运算表达式和逻辑与运算符等价地表示为：

(x>=-1)&&(x<8)&&(x!=3)

再如：在 C 程序中，判断"整数 i 能被 3 或 7 整除但不能被 4 整除"的结论是否成立，应当将其中的条件：i 能被 3 整除、i 能被 7 整除、i 不能被 4 整除用关系运算表达式和逻辑运算符等价地表示为：((i%3==0)||(i%7==0))&&(i%4!=0)

☞ 注意：

在构造逻辑运算表达式时，正确使用括号有助于使表达式表示的条件更清晰。尤其是当多种运算符同时出现在一个表达式中时，更应当使用括号，以便正确无误地表达程序设计者的意图。

【例 4-6】　设 int a=3,b=4,c=5；判断下列表达式的值：

（1）(a>b)||(c>a)

由题设可知，原式等于 0||1，结果为 1。

（2）(!c<a)&&(b>a)||(b<a)

由题设可知，原式等于 (!5<3)&&(4>3)||(4<3)

逻辑运算 !5 的值为 0，故上式又等于 (0<3)&&(4>3)||(4<3)

也即是：1 &&1||0，最后结果为 1。

☞ 注意：

C 语言规定：在执行"&&"运算时，如果"&&"运算符左边表达式的值为 0，则已经可以确定"&&"运算的结果一定为 0，故不再执行"&&"运算符右边表达式规定的运算。类似地，在执行"||"运算时，如果"||"运算符左边表达式的值为 1，则已经可以确定"||"运算的结果一定为 1，故不再执行"||"运算符右边表达式规定的运算。

【例 4-7】 设 int a=3,b=4,c=5；判断表达式 a=(b=!a)&&(c=b)的值。

原表达式等价于 a=((b=!a)&&(c=b))。

由题设可知，!a 的值为 0，故赋值运算表达式 b=!a 的值为 0，对"&&"运算而言，不论表达式（c=b）的值是什么，结果都是 0。按 C 语言规定，赋值运算表达式(c=b)实际上并未被执行，最后，c 的值还是 5，b 的值为 0，由于逻辑运算表达式(b=!a) && (c=b)的值为 0，故 a 的值为 0，整个赋值运算表达式为 0。

4.5 选择结构程序设计

通常，计算机程序是按语句在程序中书写的顺序执行的，然而，在许多场合，需要根据不同的情况执行不同的语句，称这种程序结构为选择结构。C 语言提供的条件语句和开关语句可用于实现选择结构程序设计。

4.5.1 if 语句

1. if 语句和 if…else…语句

（1）if 语句

if 语句是最简单的条件语句。if 语句的格式：

```
if(表达式)
    语句
```

执行时，首先计算表达式的值，若其值不为 0（表示"真"），则执行语句部分，否则，跳过语句部分，执行其后面的语句，if 语句的流程图如图 4-5 所示。

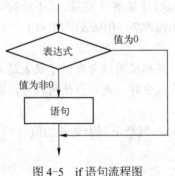

图 4-5 if 语句流程图

【例 4-8】 从键盘输入实数 a，输出 a 的绝对值。

```
1:    #include <stdio.h>
2:    void main()
3:    {    float a;
4:         printf("Enter a float\n");
5:         scanf("%f",&a);
6:         if(a<0)
7:         a=-a;
8:         printf("a=%f\n",a);
9:    }
```

📝 **程序说明：**

第 6 行：条件判断，如果 a<0 的条件成立，接着执行第 7 行的语句，然后顺序执行第 8 行的语句。如果 a<0 的条件不成立，则跳过第 7 行的语句，直接执行第 8 行的语句。

☞ **注意：**

如果在 if()后面直接加 "；" 成为 "if();"，则相当于在 if()后面有一个不执行任何操作的语句——空语句。

【例 4-9】 从键盘输入一个正整数 n，如果 n 是一个 3 位数，将其逆序输出，否则，直接结束程序。

```
1:    #include <stdio.h>
2:    void main()
3:    {    int n,g,s,b,k;
4:         scanf("%d",&n);
5:         if(n>=100&&n<1000)
6:         {
7:            g=n%10;                    /* 个位 */
8:            s=n/10%10;                 /* 十位 */
9:            b=n/100;                   /* 百位 */
10:           k=g*100+s*10+b*1;          /* 求逆序的 3 位数 */
11:        printf("%d=%d*100+%d*10+%d*1\n",k,g,s,b);
12:        }
13:   }
```

📝 **程序说明：**

第 5 行：判断 n 是否是一个 3 位正整数。如果是，则继续执行第 6~12 行。

第 6 ~12 行：完成将 3 位数正整数逆序输出。为了实现这个任务，需要执行一系列的语句（程序中第 7~11 行的语句），这些语句在第 5 行 if 语句的条件满足时，必须作为一个整体被执行，程序中用 { }将其括起，否则，在第 5 行的 if 语句的条件满足时，将只执行 if 语句后面的一条语句。C 语言中，将用 { }括起的若干语句称为复合语句，在处理中，将其作为一个整体对待。

思考题：

如果要求将一个 3 位正奇数逆序输出，第 5 行的语句该如何表示？若要求将一个能被 3

或 7 整除的 3 位正整数逆序输出，第 5 行的语句又该如何表示？

（2）if…else…语句

if…else…语句的格式：

```
if(表达式)
    语句 1
  else
语句 2
```

执行时，首先计算表达式的值，若其值不为 0，则执行语句 1，否则，执行语句 2，if…else…语句的流程图如图 4-6 所示。

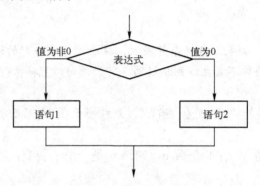

图 4-6 if…else…语句流程图

语句 1 和语句 2 必定有一个、而且只能有一个被执行。之后，执行其后续语句。

【例 4-10】 从键盘上输入两个整数 a 和 b，按先大后小的顺序输出。

```
1:    #include <stdio.h>
2:    void main()
3:    {   int a,b;
4:        printf("Please enter two integers\n");
5:        scanf("%d,%d",&a,&b);
6:        if(a>b)
7:            printf("MAX=%d, MIN=%d,\n",a,b);
8:        else
9:            printf("MAX=%d, MIN=%d,\n", b,a);
10:   }
```

📝 程序说明：

第 6~9 行：若 a>b 成立，按先 a 后 b 的顺序输出，否则，按先 b 后 a 的顺序输出。

【例 4-11】 输入 a、b、c，利用求根公式求一元二次方程 $ax^2+bx+c=0$ 的根（假设 a≠0）。

图 4-7 所示的流程图给出了解一元二次方程的算法。

☞ 注意：

程序中，要对 b^2-4ac 进行开方运算，这是通过调用开方函数 sqrt()完成的，为此，须用 #include 命令将数学函数的头文件 math.h 包含进来。

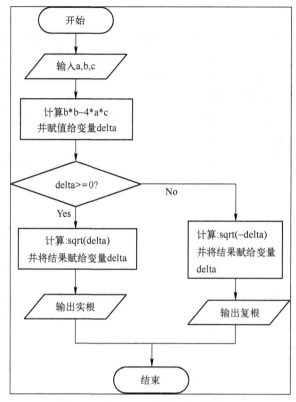

图 4-7　解一元二次方程程序流程图

程序如下：

```
1:    #include<math.h>
2:    #include <stdio.h>
3:    void main()
4:    {   float a,b,c;
5:        float delta;
6:        printf(" Please Input a,b,c : ");
7:        scanf("%f,%f,%f",&a,&b,&c);
8:        delta=b*b-4*a*c;
9:        if(delta>=0)
10:       {
11:           delta=sqrt(delta);
12:           printf(" x1=%.2f ， ",(-b+delta)/(2*a));
13:           printf(" x2=%.2f\n ",(-b-delta)/(2*a));
14:       }
15:       else
16:       {
17:           delta=sqrt(-delta);
18:           printf(" x1=%.2f + %.2fi\n ",-b/(2*a),delta/(2*a));
19:           printf(" x2=%.2f - %.2fi\n ， -b/(2*a),delta/(2*a));
20:       }
21:   }
```

59

✍ **程序说明：**

第 1 行：因为在程序中调用了数学函数 sqrt()，所以必须将其头文件 math.h 包含进来。

第 9 ~ 20 行：这是一个 if…else…结构，其中有两个复合语句，在 if()语句中的条件成立时，执行第 10~14 行组成的复合语句，否则，执行第 16~20 行组成的复合语句。请读者思考，为什么要在这里使用复合语句？

第 12 行：输出表达式(−b+delta)/(2*a)的值，在调用函数 printf()进行输出时，若输出对象是表达式，则先求出表达式的值，再输出。

【例 4-12】 编程求整数 a、b、c 中的最大者，a、b、c 由键盘输入。

```
1:     #include <stdio.h>
2:     void main()
3:     {   int a,b,c,max;
4:         printf("Please enter three integers:\n");
5:         scanf("%d,%d,%d",&a,&b,&c);
6:         if(a>b)
7:            max=a;
8:         else
9:            max=b;
10:        if(max<c)
11:           max=c;
12:        printf("a=%d,b=%d,c=%d,MAX=%d\n",a,b,c,max);
13:    }
```

✍ **程序说明：**

第 6 ~ 9 行：从 a 和 b 中先判断选出其中的大者，并赋值给 max。

第 10 ~ 11 行：在 max 和 c 中判断选出其中的大者，并赋值给 max。这样，变量 max 的值就是 a，b，c 中的最大者。

2. 条件运算符

C 语言提供了条件运算符 "? :"。由条件运算符构成的表达式称为条件运算表达式。在某些情况下，条件语句 if…else…可以用条件运算表达式来代替。

条件运算表达式的格式：

　　表达式 1? 表达式 2: 表达式 3

执行时，先判断表达式 1 的值，如果值不为 0，则以表达式 2 的值作为条件运算表达式的值，否则，以表达式 3 的值作为条件运算表达式的值。

例如，设 x 的值为 5，执行赋值语句：

y=x>0? 10: −10;

赋值号右边是条件运算表达式，该赋值语句的作用是将条件运算表达式的值赋给变量 y。执行时，先判断表达式 x>0 的值，若 x>0 成立，则表达式 x>0 的值为 1，否则为 0。由此可知，若 x>0 成立，则条件运算表达式的值为 10，否则为-10。由题意，赋值后 y 的值为 10。

上述赋值语句与下面的条件语句等价：

　　if (x>0)
　　y＝10;

　　　　　　else
　　　　　　　　y＝-10;

☞ 注意:

条件运算表达式不能取代一般的 if 语句，只有在 if 语句内嵌的语句为赋值语句、且两个分支都给同一个变量赋值时，才能用条件表达式代替 if 语句，如上例所示。

【例 4-13】 从键盘输入两个整数，输出其中的较大者。

```
1:    #include <stdio.h>
2:    void main()
3:    {   int a,b;
4:        printf("Please input two integers:\n ");
5:        scanf("%d,%d ",&a,&b);
6:        printf("MAX=%d\n ",(a>b)? a:b);
7:    }
```

✍ 程序说明:

第 6 行: 函数 printf()可用于输出表达式的值，自然也可输出条件表达式(a>b)? a:b 值。请读者判断，该条件表达式的值如何确定?

4.5.2　if 语句的嵌套

C 语言允许在条件语句中又包含另一个条件语句，称之为条件语句的嵌套。下面的例子，说明了条件语句嵌套的构成和应用。

【例 4-14】 从键盘上输入一个字符，判断它是英文字母、数字或其他字符。

```
1:     #include<stdio.h>
2:     void main()
3:     {
4:         char ch;
5:         printf("Enter a character:");
6:         ch=getchar();
7:         if(ch>='0'&&ch<='9')
8:           printf("The character is a digit\n");
9:         else if( (ch>='A'&&ch<='Z')||(ch>='a'&&ch<='z'))
10:               printf("The character is a captal letter\n");
11:            else
12:               printf("The character is other character\n");
13:        }
```

程序中出现的条件语句构成了嵌套，可用图 4-8 所示的流程图表示。

程序中的选择结构由两个条件语句构成，其中虚线所框的部分（对应于程序的第 10～13 行）为第二个条件语句，它被嵌套在第一个条件语句 else 后面的语句中。整个选择结构可以表述为: 如果输入的是数字，则显示"该字符是数字"，如果输入的不是数字，则进一步判断输入的是否是字母，如果是字母，显示"该字符是字母"，否则显示"该字符是其他字符"。

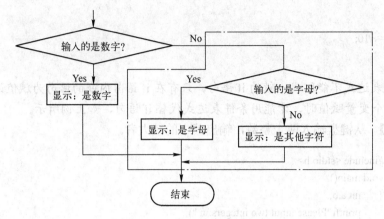

图 4-8　条件语句的嵌套

📖 **程序说明：**

第 7 行：如果字符的 ASCII 码值在字符'0'和字符'9'的 ASCII 码值之间，该字符一定是数字。这一规律也可类似地用于判断某字符是否是英文字母。请参阅本书附录 A 的 ASCII 代码表。

第 10 行：如果条件(ch>='A')&&(ch<='Z') 成立，说明变量 ch 所对应的是一个大写的英文字母。如果条件(ch>='a')&&(ch<='z') 成立，说明变量 ch 所对应的是一个小写的英文字母。这两个条件用逻辑或运算符连接就表达了题意。

【例 4-15】 修改例 4-11 的程序，要求在求解方程之前，先判断输入的二次项系数 a 是否为 0，若为 0，则输出出错信息。

程序的流程图如图 4-9 所示。

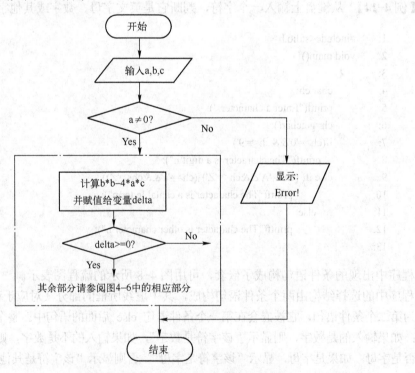

图 4-9　修改后的解一元二次方程程序流程图

程序中的选择结构由两个条件语句构成，其中虚线所框的部分（对应于程序的第 9～23 行）包含了第二个条件语句，它被嵌套在第一个条件语句的 if()后面的语句中。

程序如下：

```
 1:  #include<math.h>
 2:  #include<stdio.h>
 3:  void main()
 4:  {   float a,b,c;
 5:      float delta;
 6:      printf(" Please Input a,b,c : ");
 7:      scanf("%f,%f,%f",&a,&b,&c);
 8:      if(a!=0)
 9:        {
10:           delta=b*b-4*a*c;
11:           if(delta>=0)
12:             {
13:                delta=sqrt(delta);
14:                printf(" x1=%.2f ，",(-b+delta)/(2*a));
15:                printf(" x2=%.2f\n ",(-b-delta)/(2*a));
16:             }
17:           else
18:             {
19:                delta=sqrt(-delta);
20:                printf(" x1=%.2f + %.2fi ",-b/(2*a),delta/(2*a));
21:                printf(" x2=%.2f - %.2fi\n ", -b/(2*a),delta/(2*a));
22:             }
23:        }
24:      else
25:        printf(" Error!\n ");
26:  }
```

📝 **程序说明：**

第 9～23 行：这是一个复合语句，在 a!=0 成立的条件下，执行该复合语句求解一元二次方程。在该复合语句中又嵌套了一个 if…else…语句（第 11～22 行），用以根据 delta 值的不同情况分别求出相应的实数根或复数根。

🎵 **运行结果：**

第一次输入：1,3,2 <回车>

显示：x1=-1.00 , x2=-2.00

第二次输入：3,2,1 <回车>

显示：x1=-0.33 +0.47i, x2=-0.33-0.47i

第三次输入：0,2,1 <回车>

显示：Error!

👉 **注意：**

复合语句和条件语句的嵌套结构为解决一些较为复杂的编程问题提供了必要的条件。但同时也使程序的结构变得复杂，不易读懂。特别是在程序中出现了多个{ }和 if…else…，往往使初学者望而却步，不知所措。其实，在阅读程序之前，只要能正确地将"{"和"}"配对、将"if"和"else"配对，程序的结构就能变得清晰和有条理。"if"和"else"配对应遵循下述规律：自上而下，"else"总是和上面离它最近的还未配对的"if"配对。而且，每一个"else"只能和一个"if"配对。由于单独的"if"也是条件语句，所以，允许无"else"配对的"if"单独存在。

同理，"{"和"}"配对应遵循下述规律：自上而下，"}"总是和上面离它最近的"{"配对。

【例 4-16】 如果变量 x 的值是-15，变量 y 的值是-10，则执行下面的程序段后，屏幕上显示的内容是什么？

```
if(x>0)
if(x>10)
printf("A");
else
printf("B");
else if(y<-8)
if(y>-20)
printf("C");
else
printf("D");
printf("E");
```

分析：这是一段包含了多个 if…else…语句的程序段。若按上述写法全部左对齐，则结构层次不分明，阅读困难。要了解其结构，首先需要将 if 和 else 正确配对，并将程序按缩进对齐的方式写为：

```
if(x>0)
    if(x>10)
        printf("A");
    else
        printf("B");
else if(y<-8)
        if(y>-20)
          printf("C");
        else
          printf("D");
printf("E");
```

☞ 注：

配对的 if 与 else 通常位于同一列位置上。

对应的程序流程图如图 4-10 所示。

由题设，x 的值为-15，y 的值为-10，故程序执行的流程如图 4-10 中粗线条所示，最后显示：CE。

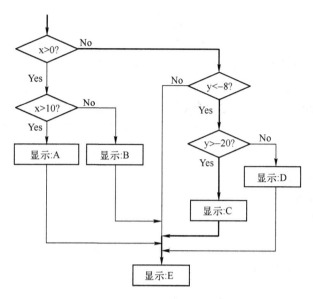

图 4-10 if 与 else 配对示意图

☞ 注意：

比较题目所给的程序段和经过将 if 和 else 配对后重新书写的程序段，读者不难发现重新书写的程序段采用了缩进格式，二者相比，后者更容易反映出程序结构。读者应学会使用这种缩进的书写格式。

4.5.3 switch 语句

switch 语句用于在程序中实现多路选择。其一般格式为：

```
switch (表达式)
    {
        case  常量 1: 语句序列 1; break;
        case  常量 2: 语句序列 2; break;
                    ……
        case 常量 k: 语句序列 k; break;
        default: 语句序列  k+1;
    }
```

说明：

- switch 后面的表达式可以是整型或字符型。
- switch 语句执行过程：首先计算 switch 后面表达式的值，然后将表达式的值依次与每个 case 后面的常量表达式的值进行比较，当相等时，就执行该 case 后面的语句序列。若表达式的值与所有常量表达式的值都不相同，则执行 default 后面的语句序列。若没有 default 语句，则跳出 switch 语句。
- 在执行完某一个 case 语句序列，遇到 break 语句，则结束 switch 语句的执行。若没有 break 语句，则继续执行下一个 case 后面的语句序列。
- 格式中的{ }是必需的。

☞ **注意：**

1）switch 语句与 if 语句的不同之处在于：switch 语句只能对整型和字符型表达式的值是否等于给定的值进行判断，而 if 语句可以用于判断各种表达式。

2）switch 语句中，case 后面只能是常量。

3）同一个 switch 语句中，任意两个 case 后面的常量值不能相同。

【例 4-17】 编写一个四则运算计算器程序，可以实现输入两个数和一个四则运算符，输出运算结果的功能。

```
1:   #include<stdio.h>
2:       void main()
3:   {   float operandl,operand2,result;
4:       char operator1;
5:       scanf("%f%c%f",&operandl,&operator1,&operand2);
6:       switch(operator1)
7:           {
8:           case '+':  result=operandl+operand2;
9:                      printf("result=%.1f\n",result); break;
10:          case '-':  result=operandl-operand2;
11:                     printf("result=%.1f\n",result);break;
12:          case '*':  result=operandl*operand2;
13:                     printf("result=%.1f\n",result);break;
14:          case '/':  if(operand2!=0)
15:              {      result=operandl/operand2;
16:                     printf("result=%.1f\n",result);break;}
17:                     else { printf("Divisor is zero,Error!\n"); break;}
18:          default:   printf("Illegal operator,Error!\n");
19:          }
20:  }
```

✍ **程序说明：**

第 6~19 行：switch 语句。以字符型变量 operator1 为判断表达式，与 case 后面的字符常量相比较，若 operator1 与其中的某个字符常量（'+' '–' '*'或'/'）相同，则执行相应的分支程序。否则，执行 default 后面的语句，输出 Illegal operator，Error!。

第 8~9 行：若 operator1 为'+'，执行 case '+'后面的语句序列，将两数相加后赋值给变量 result 并输出。由于第 9 行中的 break 语句，执行后即结束 switch 语句。

第 14~16 行：若 operator1 为'/'，除法运算考虑除数为 0 的情况。

【例 4-18】 用 switch 语句实现从键盘输入成绩，转换成相应的等级后输出（90~100 为 A，80~89 为 B，70~79 为 C，60~69 为 D，59 及以下为 E）。

```
1:   #include<stdio.h>
2:       void main()
3:   {   int score;
4:       printf("Please Input A Score: ");
5:       scanf("%d",&score);
```

```
6:       printf("\n");
7:       switch(score/10)
8:       {
9:           case 10:
10:          case 9: printf("%c\n",'A');break;
11:          case 8: printf("%c\n",'B');break;
12:          case 7: printf("%c\n",'C');break;
13:          case 6: printf("%c\n",'D');break;
14:          default: printf("%c\n",'E');
15:      }
16: }
```

📎 程序说明:

第 7 行: switch 的表达式 score/10 用以将输入的成绩按等级与 10 以内的某一个非负整数相对应。例如, 100 对应于 10, 90~99 对应于 9, 80~89 对应于 8, 以此类推。

第 9 行: 本行既无相应的分支程序, 也没有 break 语句, 按规定, 应继续执行下一个分支程序。实际上 case 10 与 case 9 对应的是 score 为 90~100 的情形, 它们对应的等级都是 A。

4.6 循环结构程序设计

在例 4-1 中, 通过对计算连加和的算法分析, 读者已经对循环有了初步的了解。在程序中, 若干个在一定条件下反复执行的语句就构成了循环体, 循环体连同对循环的控制就组成了循环结构。循环结构和选择结构一样, 是最常见的程序结构。几乎所有实用的程序都包含循环结构。

在 C 程序中常用以下语句来实现循环:

● while 语句

● do-while 语句

● for 语句

4.6.1 while 语句

while 语句的格式:

```
while (表达式)
语句
```

相应的流程图如图 4-11 所示。

图中的语句部分即为循环体。由表达式的值决定是否执行循环体。当表达式的值不为 0 时执行循环体, 否则, 结束循环, 执行其后续语句。每次执行循环体以后, 再次判断表达式的值, 以决定是否再次执行循环体。由此可见, 需要在循环体中有修改表达式值的语句, 否则可能形成死循环。循环体可以只有一条语句, 也可以有多条语句; 当循环体不止一条语句时, 需要用一对花括号{}将多条语句括起来。

【例 4-19】 编程求 1+2+3+4+…+n (n 由键盘输入), 并输出结果。

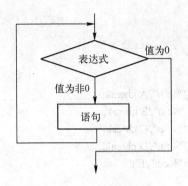

图 4-11   while 语句流程图

根据例 4-1 给出的算法和流程图，设计如下的程序：

```
1:    #include<stdio.h>
2:    void main()
3:    {   int n,i=1,sum=0;
4:        printf("Please input n:\n ");
5:        scanf("%d",&n);
6:        while(i<=n)
7:          sum+= i++;
8:        printf("1+2+……+%d = %d",n,sum);
9:    }
```

📝 **程序说明：**

第 3 行：将循环变量 i 初始化为 1，将 sum 初始化为 0。

第 7 行：循环体。该语句相当于先执行 sum=sum+i 再执行 i++。

☞ **注意：**

本例的算法，对于解决连加问题具有普遍意义。读者可以通过本章练习中的有关题目进一步熟悉并灵活掌握该算法。

👆 **运行结果：**

输入：100<回车>

显示：1+2+……+100 = 5050

【例 4-20】 编程计算级数 $1+\dfrac{1}{1\times 2}+\dfrac{1}{2\times 3}+\dfrac{1}{3\times 4}+\cdots$ 的和，当最后一项小于 0.00001 时结束。

分析：

这也是一个连加问题，可以采用类似于例 4-19 的算法来实现。用变量 sum 存放部分和。级数第 i 项的分母为 $(i-1)\times i\ (i=2,3,\cdots)$。

```
1:    #include<stdio.h>
2:    void main()
3:    {   int i=2;
4:        float sum=1.0;
5:        while(1.0/((i-1)*i)>=0.00001)
```

```
6:              {
7:                  sum+=1.0/((i-1)*i);
8:                  i++;
9:              }
10:         printf("SUM=%f",sum);
11:  }
```

✍ 程序说明：

第 3 行：由级数的第 i 项的分母为(i-1)×i(i=2,3,…)知，i 应初始化为 2。

第 4 行：级数的部分和为实数，故定义变量 sum 为 float 型。又由第 3 行知，级数的通项从第二项开始，因此将 sum 初始化为级数第一项的值 1.0。

第 5 行：题意要求在级数的最后一项小于 0.00001 时停止计算，换言之，当级数的第 i 项 1.0/((i-1)*i)>=0.00001 时，连加求和（由第 6～9 行的循环体实现）运算应当继续。故将其作为决定是否执行循环体的条件。如果望文生义，将条件改为 1.0/((i-1)*i)<0.00001，就与题意背道而驰了。这类算法上的错误，C 语言在编译时是无法检查出来的，全凭程序员的经验才能发现。

4.6.2 do-while 语句

do-while 语句的一般格式：

```
do
     语句
while(表达式);
```

相应的流程图如图 4-12 所示。

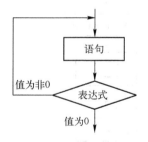

图 4-12 do-while 语句流程图

其中的语句部分为循环体。由流程图可知，当执行 do-while 语句时，先执行循环体，再判断循环条件，若条件成立，重复执行循环体，否则，结束循环。

【例 4-21】 用 do-while 语句实现例 4-19。

```
1:  #include<stdio.h>
2:  void main()
3:  {   int n, i=1,sum=0;
4:      printf("Please input n:\ ");
5:      scanf("%d ",&n);
6:      do
```

```
7:          sum+=i++;
8:      while(i<=n);
9:      printf("1+2+……+%d = %d \n ",n,sum);
10: }
```

✒ 程序说明：

第 6～8 行：do-while 语句。进入该循环语句后，首先执行循环体 sum+=i++，然后根据表达式 i<=n 的值决定是否继续执行循环体。由此可见，无论 while 后面表达式的值如何，do-while 语句的循环体至少被执行一次。这一点与 while 语句不同。第 6～8 行也可以改写为：

```
do
    sum+=i;
while(++i<=n);                          /*先使 i 加 1，再判断 i<=n 是否成立*/
```

第 8 行：在 do-while 语句中，while（表达式）后面的分号 ";" 不可缺少。而在 while 语句中，while（表达式）后面如果加上分号 ";"，相当于该循环语句的循环体为空语句。

思考题：

能否将上例第 8 行改为 while(i++<=n)，为什么？

【例 4-22】 编程计算 n!，n 由键盘输入。

分析：

因为 n!=1×2×3×…×(n-1)×n，计算的过程就是实现连乘的过程，所以其算法和实现连加的算法是类似的。图 4-13 给出了计算 n! 的流程图。

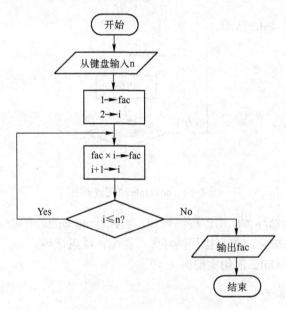

图 4-13 例 4-22 程序流程图

程序如下：

```
1:  #include<stdio.h>
```

70

```
2:   void main()
3:   {   int n,i=2;
4:       int fac=1;
5:       printf("Please input n:");
6:       scanf("%d",&n);
7:       do
8:          fac*=i++;
9:       while(i<=n);
10:      printf("%d!=%ld\n",n,fac);
11:  }
```

📝 程序说明：

第 4 行：因为求阶乘是连乘运算，所以将 fac 赋初值为 1。

第 7～9 行：do-while 语句。进入该循环语句后，首先执行循环体 fac*=i++，然后根据表达式 i<=n 的值决定是否继续执行循环体。第 7～9 行的语句也可以改写为：

```
do
   fac*=i;
while(++i<=n);
```

✋ 运行结果：

输入：5 <回车>

显示：5!=120

思考题：

参照本例，请读者将例 4-19 的程序改由 do-while 语句来实现。

4.6.3 for 语句

for 语句的一般格式：

```
for（表达式 1；表达式 2；表达式 3）
    语句 (循环体)
```

相应的流程图如图 4-14 所示。

其中：表达式 1 用于给循环变量赋初值，表达式 2 给出执行循环体的条件，表达式 3 用于修改循环变量。

例如，循环语句

```
for(i=1;i<=10;i++)
    printf("*");
```

的执行顺序是：

● 执行 i=1；把 1 赋值给循环变量 i。

● 判断表达式 i<=10 的值是否为 0，如果为 0 则结束 for 循环语句。由于当前的 i 值为 1，故条件表达式 i<=10 成立，其值为 1，于是执行循环体 printf("*");输出一个"*"字符。

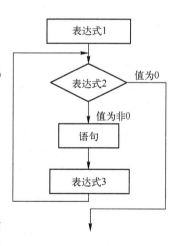

图 4-14 for 语句流程图

- 执行 i++，修改循环变量 i，使 i 的值增 1。
- 继续执行表达式 2。只要表达式 i<=10 成立，就执行循环体，输出一个 "*" 字符，直到 i 的值变为 11，于是表达式 i<=10 不成立，其值为 0。

所以，执行上述 for 循环语句，将在显示屏上连续输出一行十个 "*" 字符。

【例 4-23】 编程计算 1-3+5-7+……-99。

分析：

原题就是计算 1+(-3)+5+(-7)+……+(-99)，这还是一个连加问题。主要应解决加数符号的交叉变化。在程序中用变量 j 表示符号，以 1 表示正号、-1 表示负号。

程序如下：

```
1:   #include<stdio.h>
2:   void main()
3:   {      int i,j,sum=0;
4:          j=1;
5:          for(i=1;i<=99;i+=2)
6:              {
7:                  sum+=i*j;
8:                  j*=-1;
9:              }
10:         printf("1-3+5-7+……-99=%d\n",sum);
11:  }
```

✍ 程序说明：

第 3 行：定义循环变量 i、存放部分和的变量 sum 及用以控制加数符号的变量 j。

第 4 行：赋予变量 j 的初值为 1，表示为正。

第 5 行：循环变量 i 的初值为 1，在条件 i<=99 满足时执行循环体，每次执行循环体以后将循环变量加 2，循环变量 i 的取值依次为 1，3，5，…，99，101。

第 6~9 行：这是 for 语句中的循环体。其中第 7、8 行的语句在条件 i<=99 满足时均须被执行，故必须用花括号将它们括起，成为复合语句。第 8 行的语句用于交叉改变 j 的符号。

♪ 运行结果：

显示：1-3+5-7+…-99=-50

思考题：

请读者使用 while 和 do-while 语句实现本例。

【例 4-24】 编程求 1~100 以内所有能被 3 整除但不能被 7 整除的整数的和。

分析：本例还是一个连加问题，只是要求加数能被 3 整除且不能被 7 整除。

```
1:   #include<stdio.h>
2:   void main()
3:   {      int i,sum=0;
4:          for(i=1;i<=100;i++)
5:              if((i%3==0)&&(i%7!=0))
6:                  sum+=i;
```

```
7:     printf("SUM=%d\n",sum);
8:   }
```

📝 **程序说明：**

第 5～6 行：这是由条件语句构成的循环体。将题中的条件用逻辑表达式表示为：(i%3==0)&&(i%7!=0)。条件满足时，执行 sum+=i，然后执行第 4 行中的表达式 i++修改循环变量 i，准备执行下一轮循环。若 if 语句中的条件不满足时，直接执行第 4 行中的表达式 i++修改循环变量 i，准备执行下一轮循环。

🎵 **运行结果：**

显示：SUM=1473

C 语言允许 for 语句一般格式中的表达式 1，表达式 2 和表达式 3 空缺，但它们所具有的功能应当在适当的地方由另外的语句来实现。下面两个程序与例 4-24 程序的功能是一样的。

```
1:  #include<stdio.h>
2:  void main()
3:  {    int i=1,sum=0;
4:       for(;i<=100;i++)
5:          if((i%3==0)&&(i%7!=0))
6:            sum+=i;
7:       printf("SUM=%d\n",sum);
8:  }
```

📝 **程序说明：**

第 3 行：将循环变量 i 初始化为 1。实现了原来在 for(i=1;i<=100;i++)中由表达式 i=1 实现的功能。

第 4 行：表达式 i=1 的功能已由第 3 行的语句实现，故此处将其空缺，但表达式后面的";"不可少，否则在编译时会出错。

```
1:  #include<stdio.h>
2:  void main()
3:  {    int i=1,sum=0;
4:       for(;i<=100;)
5:         {
6:          if((i%3==0)&&(i%7!=0))
7:            sum+=i;
8:          i++;
9:         }
10:      printf("SUM=%d\n",sum);
11: }
```

📝 **程序说明：**

第 4 行：表达式 i=1 的功能已由第 3 行的语句实现，表达式 i++的功能将由循环体中第 8 行的语句实现，故此处将它们空缺，但表达式后面的";"同样不可省缺。

第 5～9 行：for 语句的循环体。在 i 不满足题目条件时，直接执行 i++。

思考题：

能否将程序中第 7、8 行的语句合并为：sum+=i++；请读者运行程序并比较结果，找出原因。

4.6.4　循环的嵌套

循环的嵌套是指一个循环体内又包含另一个完整的循环结构。

根据循环语句的不同，可以有不同的循环嵌套，图 4-15 所示为两重循环嵌套的例子。C 语言规定，在循环嵌套时，外循环必须完全包含内循环。图 4-16 所示的循环嵌套是错误的。

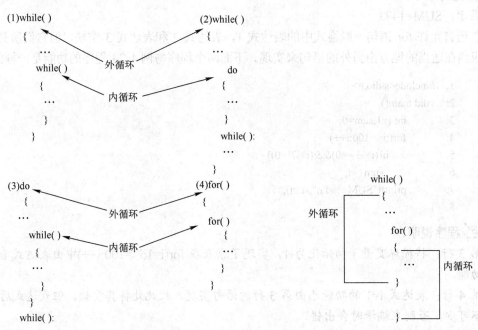

图 4-15　二重嵌套结构示例　　　　　图 4-16　错误的二重嵌套结构示例

【例 4-25】 编程输出如下由 "*" 组成的三角形。

```
    *
   ***
  *****
 *******
*********
```

分析：

读者已经了解，执行循环语句：

```
for(i=1;i<=10;i++)
    printf("*");
```

将输出一行 10 个 "*" 字符，而本例的三角形是由 5 行 "*" 字符组成的。就是说，只要重复执行 5 次类似的 for 循环语句即可实现本例所要求的输出。这就构成了循环的嵌套。

观察上述三角形构成的特点，不难发现，第 i 行 "*" 字符的个数为 2*i-1。

74

程序如下：

```
1:  #include<stdio.h>
2:  void main()
3:  {    int i,j;
4:       for(i=1;i<=5;i++)
5:        {
6:          for(j=1;j<=2*i-1;j++)
7:            printf("*");
8:          printf(" \n");
9:        }
10: }
```

✎ 程序说明：

第 4～9 行：外循环语句。第 5～9 行的语句为其循环体。变量 i 用以指定输出行，i 等于 1 时输出第 1 行 "*" 字符，i 等于 2 时输出第 2 行 "*" 字符，…，共输出 5 行。

第 6～7 行：内循环语句。第 7 行的语句为其循环体。用变量 j 控制输出的 "*" 字符个数。按题意，第 i 行输出 2*i-1 个 "*" 字符。

第 8 行：内循环结束表示当前行的 "*" 字符全部输出结束。执行第 8 行的语句，使光标移到下一行的开始处，然后，程序回到第 4 行，执行 i++，准备开始下一轮外循环。

☞ 注意：

本例两重循环的执行过程可参阅图 4-17。

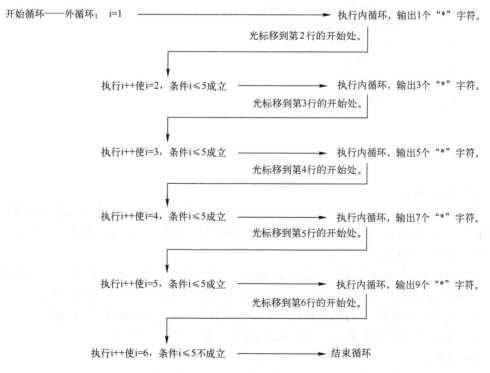

图 4-17　两重循环执行过程

4.7　continue 语句和 break 语句

4.7.1　continue 语句

continue 语句和 break 语句属于转向语句，它们常用在循环体中，用于改变循环的执行顺序。

在循环体中执行 continue 语句后，程序将立即跳过 continue 语句之后尚未执行的语句，提前结束本轮循环，返回到循环的开始处，准备执行下一轮循环。

【例 4-26】　从键盘输入整数，如果是奇数，则继续输入，如果是非 0 偶数，则显示该偶数后继续输入，如果是 0 则输出 "The end" 后结束。

分析：

题目要求不断地从键盘输入整数，直到输入 0 时结束。这一要求可以用循环结构来实现。

程序如下：

```
1:   #include<stdio.h>
2:   void main()
3:   {   int n=1;
4:      while(n!=0)
5:        {
6:          printf(" Please input an integer:\n ");
7:          scanf("%d",&n);
8:          if(n%2==1)
9:              continue;
10:          else
11:              if(n!=0)
12:                printf(" %d\n ",n);
13:        }
14:      printf(" The end.\n ");
15:   }
```

✎ 程序说明：

第 3 行：将变量 n 的值初始化为 1，目的是保证下面的 while 语句在程序开始运行时能得到执行。否则，n 的值是随机的，如果 n 为 0 将导致程序立即结束。显然，只要用非 0 值初始化变量 n，其效果是一样的。

第 8~9 行：如果 n 为奇数，执行 continue 语句，程序将停止执行第 10~12 行的语句并回到第 4 行继续执行。如果 n 为偶数，执行第 11-12 行的语句：如果该偶数不为 0，则输出该偶数，之后，回到第 4 行继续执行。如果该偶数为 0，则立即回到第 4 行继续执行，此时，表达式 n!=0 的条件不满足，于是结束 while 语句，转到第 14 行。

☞ 注意：

1）continue 语句必须和 if 语句配合使用，否则，循环体中 continue 语句后面的部分将是多余的。

2) continue 只对其直接所属的循环语句起作用。

本例也可以用 for 语句来实现。

```
1:  #include<stdio.h>
2:  void main()
3:  {   int n=1;
4:      for(;n!=0;)
5:          {
6:              printf(" Please input an integer:\n ");
7:              scanf("%d",&n);
8:              if(n%2==1)
9:                  continue;
10:             else
11:                 if(n!=0)
12:                     printf(" %d\n ",n);
13:         }
14:     printf(" The end.\n ");
15: }
```

📝 **程序说明：**

第 3 行：将变量 n 的值初始化为 1，目的和例 4-25 一样的。如果这里的 n 不作初始化，则可将第 4 行的语句改为：for(n=1;n!=0;)，效果是一样的。

4.7.2 break 语句

在循环体中执行 break 语句后，将立即结束循环。

【例 4-27】 每次从键盘输入一个整数进行累加，一旦累加和大于 100 时，停止输入并输出累加和。

```
1:  #include<stdio.h>
2:  void main()
3:  {   int n,sum=0;
4:      while(1)
5:          {
6:              printf("Please input an integer:\n");
7:              scanf("%d",&n);
8:              sum+=n;
9:              if(sum>100)
10:                 break;
11:         }
12:     printf("SUM=%d\n",sum);
13: }
```

📝 **程序说明：**

第 4 行：while 后面的表达式如果是非 0 常量，则构成了永真条件。在这种情况下，相应的循环体将无条件地被执行，这就需要在循环体内设置 break 语句，以便在一定的条件下强行结束循环，否则将产生死循环。

第 9～10 行：当 sum>100 的条件成立，则执行 break 语句强行结束循环，否则，回到第 4 行继续循环。

☞ 注意：

1）与 continue 语句一样，break 语句必须和 if 语句配合使用。

2）在嵌套循环中如果设置了 break 语句，则该 break 语句执行后，其直接所属的循环将被强行结束。

本例也可以用 for 语句来实现。

```
1:   #include<stdio.h>
2:   void main()
3:   {   int n,sum=0;
4:       for(;;)
5:         {
6:             printf("Please input an integer:\n");
7:             scanf("%d",&n);
8:             sum+=n;
9:             if(sum>100)
10:                break;
11:         }
12:       printf("SUM=%d\n",sum);
13:   }
```

✍ 程序说明：

第 4 行：for 后面的表达式全部空缺。由于省缺了用于决定是否执行循环体的表达式 2，就出现了与 while(1)相同的情况：第 5～11 行的循环体将无条件地被执行，需要在循环体中设置 break 语句，以便在 sum>100 的条件满足时强行结束循环。

思考题：

请读者不使用 break 语句而实现本例。

4.8 典型例题分析

【例 4-28】 在以下各组运算符中，优先级最高的运算符分别为。

（1）A）? :	B）++	C）&&	D）+=
（2）A）*=	B）>=	C）（类型名）	D），
（3）A）‖	B）%	C）!	D）==
（4）A）=	B）!=	C）*（乘号）	D）()

解析：

本题是关于 C 语言中常用的几类运算符的优先级问题。各运算符的优先级详见附录 C。题中各组运算符的优先级顺序（由高至低）如下：

（1）++→&&→?:→+=

（2）（类型）→>=→*=→，

（3）!→%→==→‖

（4）()→*→!=→=

因此，正确答案为：（1）B　　（2）C　　（3）C　　（4）D

【例4-29】若已知 a=3，b=4，c=5，d=6，试写出下列各逻辑表达式的值。

（1）a+b>c && b==c

（2）a||b+c && b-c

（3）!1&&a&&（b=c+d）

（4）!0||d || a==c+d

解析：

计算时必须注意运算符的优先级。

1）由于关系运算符的优先级高于逻辑运算符，所以（1）式即为（a+b>c）&&(b==c)，根据题目对变量的赋值得 1&&0，因此逻辑表达式的值为 0。

2）算术运算符的优先级高于逻辑运算符，因此（2）式即为 a||(b+c)&&(b-c)，在 C 语言中，无论是整数还是实数，只要是"非零"数，则表达式的结果即为"真"，因此 3||(4+5)&&(4-5)的结果为 1。

3）若进行如下形式的逻辑与运算：

（表达式 1）&&（表达式 2）&&…

程序将先求出（表达式 1）的值，只要其值为"假"，则已可决定整个表达式的值为"假"，因此程序将不再对后面的各表达式进行求值操作，若（表达式 1）的值为"真"，再去求（表达式 2）的值，若（表达式 2）的值为"假"，则整个式子为"假"，否则继续求下去。本题由于!1 的值为 0，所以整个表达式的结果为 0，其他表达式的值可不必计算。

4）若在逻辑表达式中进行以下形式的逻辑或运算：

（表达式 1）||（表达式 2）||……

将先进行（表达式 1）的求值，若值为"真"（非零），则可以确定整个表达式的值为"真"，因此不必再求以后各表达式的值；如果（表达式 1）的值为"假"，则再去进行"表达式 2"的运算，进程同上。本题由于!0 的值为 1，所以整个表达式的结果为 1，其他表达式的值可不必计算。

【例4-30】有一分段函数如下，编写程序，输入 x 的值，计算出相应的 y 值输出（保留两位小数）。

$$y=\begin{cases} 26+x & (x\leqslant-10) \\ 3x^2 & (-10<x<0) \\ 2\sqrt{x+2} & (x\geqslant0) \end{cases}$$

程序如下：

```
#include<stdio.h>
#include<math.h>
void main()
{
    float x,y;
    printf("Input x: ");
```

```
            scanf("%f",&x);
            if(x<=-10)      y=26+x;
            else if(x<0)      y=3*x*x;
                else    y=2*sqrt(x+2);
            printf("x=%.2f,y=%.2f\n",x,y);
        }
```

解析：

对于键盘输入的 x 值，判断条件 x≤-10 是否成立，若成立则计算 y=26+x；不成立即表示 x>-10，则继续判断条件 x<0 是否成立，若成立则计算 $y=3x^2$；不成立即表示 x≥0，则计算 $y=2\sqrt{x+2}$。

【例 4-31】 从键盘输入三角形的 3 条边 a、b、c，判断它们能否构成三角形。若能构成三角形，则首先求三角形的面积，然后指出是何种三角形：等腰三角形、直接三角形和等边三角形，还是一般三角形。

程序如下：

```
#include<stdio.h>
#include<math.h>
void main()
{   float a, b, c, s, area;
    printf("Input a,b,c:");
    scanf("%f,%f,%f", &a,&b,&c);
    if(a+b>c && b+c>a && a+c>b)                        /*满足三角形的基本条件 */
    {   s=(a+b+c)/2;
        area=sqrt(s*(s*(s-a)*(s-b)*(s-c)));               /*计算三角形面积*/
        printf("area=%.2f",area);
        if(a==b && b==c)
            printf("等边三角形\n");
        else if(a==b || a==c || b==c)
            printf("等腰三角形\n");
            else if((a*a+b*b==c*c)||(a*a+c*c==b*b)||(b*b+c*c==a*a))
                printf("直角三角形\n");
                else   printf("一般三角形\n");
    }
    else printf("不能组成三角形\n");
}
```

解析：

本题主要弄清判断能否构成三角形的条件，以及一般三角形及特殊三角形的判断条件。求三角形的面积可以用公式：

$$s = \frac{a+b+c}{2} \quad area = \sqrt{s(s-a)*(s-b)*(s-c)}$$

本题未考虑"等腰直角三角形"的情况。因为等腰直角三角形的斜边边长只能是一个近似值，因此不能用 if((a*a + b*b==c*c)||(a*a+c*c==b*b)||(b*b+c*c==a*a))直接判断经计算得到的两个实数是否相等，应采用 if(fabs(a*a + b*b-c*c)<=0.001||fabs(a*a+c*c-b*b)<=0.001||fabs (b*b+c*c-a*a)<=0.001)。由于精度要求不高，代码中的 0.001 是大致取的。

程序的 5 次测试结果：

    ① Input a,b,c:4,4,4

      area=16.97   等边三角形

    ② Input a,b,c:4,4,5

      area=19.90   等腰三角形

    ③ Input a,b,c:3,4,5

      area=14.70   直角三角形

    ④ Input a,b,c:3,4,6

      area=13.60   一般三角形

    ⑤ Input a,b,c:3,4,9

      不能组成三角形

【例 4-32】 从键盘输入不同的字母，显示表示不同颜色的英文单词。

程序如下：

```
#include <stdio.h>
void main()
{
    char ch;
    ch=getchar();
    switch(ch)
        {
            case 'b':printf("blue\n");
            case 'g':printf("green\n");
            case 'r':printf("red\n");
            case 'w':printf("white\n");
            case 'y':printf("yellow\n");
            default: printf("colour\n");
        }
}
```

解析：

通过本例学习 switch 语句实现的多分支选择语句。

switch 语句的执行过程为：先计算 switch 后面表达式的值，然后将它与语句体内各 case 后的常量表达式的值相比较，若有与该值相等者，则执行该 case 后的语句；若无与该值相等者，则执行 default 子句中的语句。在执行完一个 case 后面的语句后，流程控制将转移到下一个 case，继续执行其后面的语句，如此继续，直至最后。因此程序运行时，若从键盘输入字母 b，则屏幕上将顺序显示：

          blue

          green

          red

          white

          yellow

          colour

如果输入除字母 b、g、r、w、y 这 5 个字母外的任何字母，屏幕上显示 colour。

本题若要求输入字母 b，屏幕上只显示 blue；输入字母 g，只显示 green；输入字母 r，只显示 red；输入字母 w，只显示 white；输入字母 y，只显示 yellow；输入其他字母只显示 colour。则以上程序只需在每个 case 语句后增加一条 break 语句，就能在执行完该 case 语句后，使流程控制跳出整个 switch 语句。

修改后的程序如下：

```
#include <stdio.h>
void main()
{
    char ch;
    ch=getchar();
    switch(ch)
        {
            case 'b':printf("blue\n"); break;
            case 'g':printf("green\n"); break;
            case 'r':printf("red\n"); break;
            case 'w':printf("white\n"); break;
            case 'y':printf("yellow\n"); break;
            default: printf("colour\n");
        }
}
```

【例 4-33】 输入一行字符，分别统计出其中英文字母、空格、数字和其他字符的个数。用换行符 "\n" 结束循环。

程序如下：

```
#include <stdio.h>
void main()
{
    char c;
    int letter=0,space=0,digit=0,other=0;
    printf("Input a string:\n");
    while((c=getchar())!='\n')
        if(c>='a'&&c<='z'||c>='A'&&c<='Z')
            letter++;
        else if(c==' ')
                space++;
        else if(c>='0'&&c<='9')
                digit++;
            else
                other++;
    printf("letter=%d,space=%d,digit=%d,other=%d\n",letter,space,digit,other);
}
```

解析：

本例程序中的循环条件为(c=getchar())!='\n'，其意义是：只要从键盘输入的字符不是回车就继续循环。循环体中语句 letter++;space++;digit++;other++;分别完成对输入的英文字母、空格、数字和其他字符个数的统计。

循环体语句只能是一条语句；若需多条语句，应使用花括号"{}"括起来的复合语句。

【例 4-34】 编程计算 1～10 之间的奇数之和及偶数之和。

程序如下：

```
#include <stdio.h>
void main()
{
    int x,y,z,k;
    x=0;
    z=0;
    for(k=0;k<=10;k+=2)
      {
          x+=k;
          y=k+1;
          z+=y;
      }
    printf("sum of even=%d\n",x);
    printf("sum of odd=%d\n",z-11);
}
```

解析：通过本例学习使用 for 循环语句。

程序中最后一句输出"z-11"，这是由于题目要求 1～10 之间的奇数和，而 for 循环后 z 中的值为 1+3+5+7+9+11，所以输出 1～10 之间奇数和时应减去 11 才能达到要求。

【例 4-35】 根据 n 的值打印 2n-1 行图案。例如：当运行后输入 4 给变量 n 时，将打印如下图案。

```
          *
        * * *
      * * * * *
    * * * * * * *
    * * * * *
    * * *
    *
```

程序如下：

```
#include <stdio.h>
void main()
{
    int n,i,j;
    printf("Enter n:");
    scanf("%d",&n);
```

```
        for(i=1;i<=n;i++)                              /*  外循环控制行数  */
        {
            for(j=1;j<=10;j++)                         /*  控制输出 10 个空格  */
                putchar(' ');
            for(j=1;j<=2*(n-i);j++)                    /*  控制每行*号前的空格数  */
                putchar (' ');
            for(j=1;j<=2*i-1;j++)                      /*  控制每行*的个数  */
                putchar('*');
            printf("\n");
        }
        for(i=1;i<=n-1;i++)                            /*  外循环控制行数  */
        {
            for(j=1;j<=10;j++)
                putchar (' ');
            for(j=1;j<=2*(n-i) -1;j++)                 /*  控制每行*的个数  */
                putchar('*');
            printf("\n");
        }
    }
```

【例 4-36】 编写程序求 100～200 之间的所有素数，每行输出 10 个素数。

程序如下：

```
        #include <stdio.h>
        void main()
        {   int i, j, counter=0;
            for(i=101; i<=200; i+=2)        /*外循环：为内循环提供一个整数 i*/
            { for(j=2;j<=i-1;j++)           /*内循环：判断整数 i 是否是素数*/
                if(i%j= =0)                 /*i 不是素数*/
                    break;                  /*不是素数，则强行结束内循环，执行下面的 if 语句*/
            if(j>=i )                       /*整数 i 是素数：输出，计数器加 1*/
                { printf("%d   ",i);
                counter++;
                if(counter%10= =0)          /*每输出 10 个数换一行*/
                    printf("\n");
                }
            }
        }
```

解析：

所谓素数是指除 1 和本身之外，不能被任何整数整除的数。根据这一定义，判断整数 n 是否为素数，只需要用 n 除以 2～（n-1）之间的每一个整数，如果都不能被整除，则表示该数是一个素数。本题要求 100～200 之间的所有素数，则只需在判素数算法外面加一个 for 循环。

因为所有的偶数肯定不是素数，所以外循环控制变量 i 的初值从 101 开始，i+=2 的好处是为了减少计算次数，提高运行速度。基于减少计算次数的同样考虑，求 n 是否为素数时，除数只要为 2～$\sqrt{n}$ 的全部整数即可，因此可将内循环的控制条件改为 j<=sqrt(i)。

84

运行结果为：

```
101  103  107  109  113  127  131  137  139  149
151  157  163  167  173  179  181  191  193  197
199
```

4.9 实验 4 选择结构程序设计

一、实验目的与要求

1）掌握关系运算符和关系表达式的使用方法。

2）掌握逻辑运算符和逻辑表达式的使用方法。

3）掌握 if 语句、switch 语句、条件运算符（？:）的使用方法。

4）掌握选择结构程序的设计技巧。

二、实验内容

1. 改错题

1）下列程序的功能为：要求当 x>0 时 y=x*5，否则 y=x/5。请纠正程序中存在的错误，使程序实现其功能。

```c
#include<stdio.h>
void main()
{
    float x,y;
    scanf("%f",x);
    if (x>0)
      y=x*5;
      printf("y=%f\n",y);
    else printf("y=%f\n",x/5);
}
```

2）下列程序的功能为：从键盘输入一个字符，判断该字符的类型。若该字符是数字，则直接输出；若该字符是字母，则输出该字母的 ASCII 码值；若是其他字符，则输出"Other character"。请纠正程序中存在的错误，使程序实现其功能。

```c
#include<stdio.h>
void main()
{
    char ch;
    printf("Input a character:");
    ch=putchar();
    if(ch>='0'||ch<='9') printf("%d\n",ch);
    else if((ch>='A'&&ch<='Z'||ch>='a'&&ch<='z') printf("%d\n",ch);
    printf("Other character \n")
}
```

2. 程序填空题

1）下面程序的功能是：根据以下函数关系，对输入的每个 x 值，计算出相应的 y 值。

请填写完整程序，使程序实现其功能。

x	y
x<0	0
0<=x<10	x
10<=x<20	10
20<=x<40	−0.5x+20

```c
#include<stdio.h>
void main()
{
    int x,c;
    float y;
    scanf("%d",&x);
    if(_____)   c=-1;
    else c=_____;
    switch(c)
    {
        case −1:y=0;break;
        case0: y=x;break;
        case1: y=10;break;
        case2:
        case3: y=−0.5*x+20;break;
        default:y=−2;
        }
        if(_____) printf("y=%f",y);
        else printf("error\n");
}
```

2）下面程序的功能是：计算某年某月有几天。其中判别闰年的条件是：能被 4 整除但不能被 100 整除的年是闰年，能被 400 整除的年也是闰年。请填写完整程序，使程序实现其功能。

```c
#include<stdio.h>
void main()
{
    int yy,mm,len;
    printf("year,mouth");
    scanf("%d %d",&yy,&mm);
    switch(mm)
    {
        case 1:case 3:case 5:case 7:
        case 8:case 10:case 12:_____;break;
        case 4:case 6:case 9:case 11:len=30;break;
        case 2:
            if(yy%4==0&&yy%100!=0||yy%400==0)_____;
            else _____;
```

```
                  break;
             default:printf("input error"); break;
        }
        printf("the length of %d %d is %d days\n",yy,mm,len);
    }
```

3．编程题

1）从键盘输入 3 个整数，输出这 3 个整数的最小值及最大值。

2）从键盘输入一个字符，如果它是一个大写字母，则把它变成小写字母；如果它是一个小写字母，则把它变成大写字母；其他字符不变。

4.10 实验 5 循环结构程序设计

一、实验目的与要求

1）掌握循环结构程序设计的 3 种控制语句：while 语句、do-while 语句、for 语句的使用方法。

2）了解用循环的方法实现常用的算法设计。

二、实验内容

1．改错题

1）下列程序的功能为：倒序打印 26 个英文字母。请纠正程序中存在的错误，使程序实现其功能。

```
#include<stdio.h>
void main()
{
    char x;
    x='z';
    while(x!='a')
        {
            printf("%3c",x);
                x++;
        }
}
```

2）下列程序的功能为：计算 y=1*3*5*…*15。请纠正程序中存在的错误，使程序实现其功能。

```
#include<stdio.h>
void main()
{
    int a-y-1;
    do
    a=a+2;
    y=y*a;
    while(a!=15)
```

```
        printf("1*3*5*…15=%d\n",y);
    }
```

2．程序填空题

1）下面程序的功能是：用"辗转相除法"求两个正整数的最大公约数。请填写完整程序，使程序实现其功能。

"辗转相除法"求两个正整数的最大公约数的算法步骤如下：

① 求出 m 被 n 除后的余数 r。

② 若余数为 0 则执行步骤⑥；否则执行步骤③。

③ 把除数作为新的被除数；把余数作为新的除数。

④ 求出新的余数 r。

⑤ 重复步骤②～④。

⑥ 输出最大公约数 n。

```
#include<stdio.h>
void main()
    {
    int r,m,n,t;
    scanf("%d%d",&m,&n);
    if(m<n)
        _____
    r=m%n;
    while(r){m=n;n=r;r=_____;}
    printf("%d\n",n);
    }
```

2）下面程序的功能是：输入任意整数 n（0<n<10），输出 n 行由大写字母 A 开始构成的三角形字符阵列图形，请填写完整程序，使程序实现其功能。例如，输入整数 6 时，程序运行结果如下：

```
Please input n:6
A B C D E F
G H I J K
L M N O
P Q R
S T
U
#include <stdio.h>
void main()
{
    int i,j,n;
    char _____;
    printf("Please input n:");
    scanf("%d",&n);
    for(i=1;i<=n;i++)
        {
        for(j=1;_____;j++)
            {  printf("%2c",ch);
            _____;
```

```
            }
        _____;
        }
    }
```

3．编程题

1）编程输出所有的"水仙花数"。所谓水仙花数，是指一个 3 位数，其各位数字立方和等于该数字本身。例如，153 是水仙花数，因为 $153 = 1^3+5^3+3^3$。

2）用下列近似公式计算 e 的值，要求误差小于 10^{-5}。

$$e = 1+\frac{1}{1!}+\frac{1}{2!}+\frac{1}{3!}+\cdots+\frac{1}{n!}$$

4.11 习题

一、选择题

1．逻辑运算符两侧运算对象的数据类型（   ）。

  A．只能是 0 或 1   B．只能是 0 或非 0 正数

  C．只能是整型或字符型数据   D．可以是任何类型的数据

2．设有定义 int n; 对应"n 为三位数（100 至 999）"的判断表达式是（   ）。

  A．100<=n<=999   B．n>=100&&n<=999

  C．n>=100||n<=999   D．n>=100,n<=999

3．判断 char 型变量 ch 是否为大写字母的正确表达式（   ）。

  A．'A'<=ch<='Z'   B．(ch>='A')&(ch<='Z')

  C．(ch>='A')&&(ch<='Z')   D．('A'<=ch)AND('Z'>=ch)

4．执行以下代码段后，a 的值为（   ）。

```
int a=3,b=2,c=1;
if(a>b) a=b;
if(a>c) a=c;
```

  A．1   B．2   C．3   D．不确定

5．下面程序段的运行结果为（   ）。

```
a=1,b=2,c=2;
while(a<b<c) {t=a;a=b;b=t;c- -;}
printf("%d,%d,%d",a,b,c);
```

  A．1,2,0   B．2,1,0

  C．1,2,1   D．2,1,1

6．若程序执行是的输入数据是"2473"，则下述程序的输出结果是（   ）。

```
#include<stdio.h>
void main()
  {
    char ch;
```

```
      while((ch=getchar())!='\n')
        {  switch(ch-'2')
            {  case 0:
               case 1: putchar(ch+4);
               case 2: putchar(ch+4); break;
               case 3: putchar(ch+3);
               default:   putchar(ch+2);
            }
        }
    }
```

    A．668977   B．668966   C．6677877   D．6688766

7．下面有关 for 循环的正确描述是（　　）。

    A．for 循环只能用于循环次数已经确定的情况

    B．for 是先执行循环体语句，后判断表达式

    C．在 for 循环中，不能用 break 语句跳出循环体

    D．for 循环的循环体语句中，可以包含多条语句，但必须用花括号括起来

8．以下叙述中正确的是（　　）。

    A．用 C 程序实现的算法必须要有输入和输出操作

    B．用 C 程序实现的算法可以没有输出但必须要有输入

    C．用 C 程序实现的算法可以没有输入但必须要有输出

    D．用 C 程序实现的算法可以既没有输入也没有输出

9．有以下程序

```
void main()
{int a,b,d=25;
  a=d/10%9;
  b=a&&(-1);
  printf("%d,%d\n",a,b);
}
```

程序运行后的输出结果是（　　）。

    A．6,1   B．2,1   C．6,0   D．2,0

10．以下叙述正确的是（　　）。

    A．continue 语句的作用是结束整个循环的执行

    B．只能在循环体内和 switch 语句体内使用 break 语句

    C．在循环体内使用 break 语句或 continue 语句的作用相同

    D．从多层循环嵌套中退出，只能使用 goto 语句

二、填空题

1．C 语言提供的 3 种逻辑运算符是_____、_____、_____。

2．当 m=3、n=4、a=5、b=1、c=2 时，执行完 d=(m=a!=b)&&(n=b>c)后，n 的值为_____，m 的值为_____，d 的值为_____。

3．有 int x,y,z; 且 x=4,y=-5,z=6，则以下表达式的值为_____。

    !(x>y)+(y!=z)||(x+y)&&(y-z)

4．以下程序段，且变量已正确定义和赋值：

```
for(s=1.0,k=1;k<=n;k++)
    s=s+1.0/(k*(k+1));
printf("s=%f\n",s);
```

请填空，使下面程序段的功能与之相同。

```
s=1.0;   k=1;
while(_____)
    {  s=s+1.0/(k*(k+1));
       _____; }
printf("s=%f\n",s);
```

5．C 语言中 while 和 do-while 循环的主要区别是_____。

6．若有定义 int a=10,b=20,c;则执行 c=(a%b<1)||(a/b>1);后 c 的值为_____。

7．若有定义 int a=2,b=-1,c=2;则执行 if (a<b) if (b<0) c=0;else c++;后 c 的值为_____。

8．能正确表示 x≤-5 或 x≥5 关系的 C 语言表达式是_____。

9．设有程序段 int x=5;while (x=0) x=x-1;则 while 循环体语句执行_____次。

10．若有定义 int w=5,x=2,y=3,z=4;则条件表达式 w<x?w: (y<z?y:z)的值是_____。

三、读程序，写结果

1．
```
#include<stdio.h>
#define DOUBLE(r) r*r
void main()
{
    int x=4,y=6,t;
    t=DOUBLE(x-y);
    printf("t=%d\n",t);
}
```

2．
```
#include<stdio.h>
void main()
{
    int x=3,y=0;
    switch (x)
      {
        case 3:
          switch(y)
           {
             case 0:printf("$$$$$\n");break;
             case 9:printf("$$$$$\n");break;
           }
        case 2: printf("$$$$$\n");
      }
}
```

3．下列程序运行时，若输入 abcdef23mn<回车>，输出结果为_____。

```
#include<stdio.h>
```

```
      void main()
      {
            int a=0;
            char ch;
            while((ch=getchar())!='\n')
            { if(a%2!=0&&(ch>='a'&&ch<='z'))
                    ch=ch-'a'+'A';
                a++;
                putchar(ch);
            }
            printf("\n");
      }
```

4.
```
#include<stdio.h>
   void main()
   {
         int a=1,b=10;
         do
         {
               b-=a;
               a++;
         }
         while(b- -<0);
         printf("a=%d,b=%d\n",a,b);
   }
```

5.
```
#include<stdio.h>
   void main()
   {
         int i;
         for(i=1;i<=5;i++)
         { if(i%2) printf("$");
           else continue;
           printf("&&");
         }
         printf("*\n");
   }
```

四、编程题

1. 编程：从键盘输入整数 a 和 b，若 a^2+b^2 大于 200，则输出 a^2+b^2 中百位以上的数字，否则输出两数之差。

2. 编程：从键盘输入正整数 n，输出 $1+(1+2)+(1+2+3)+\cdots+(1+2+3+\cdots+n)$。

3. 根据 $\pi/4 = 1-1/3+1/5-1/7+\cdots$ 求 π 的近似值，直到最后一项的绝对值值小于 0.0000001 为止。

第5章　数　　组

5.1　一维数组的定义及应用

5.1.1　定义

在数学中，n 次多项式通常被表示为：

$$f(x) = a_n x^n + a_{n-1} x^{n-1} + a_{n-2} x^{n-2} + \cdots + a_2 x^2 + a_1 x + a_0$$

各项系数为：a_n，a_{n-1}，a_{n-2}，$\cdots$，a_2，a_1，a_0

它们有下列特点：

● 同名——a

● 同类型——实数类型

● 以下标 $0,1,2,\cdots,n-1,n$ 区别各元素 a_n，a_{n-1}，a_{n-2}，$\cdots$，a_2，a_1，a_0

以上述多项式为例，在 C 语言中，把具有一定顺序关系的同名、同类型变量的集合称为数组，称元素的共名 a 为数组名，将各元素记为：a[0],a[1],a[2],$\cdots$, a[n-1],a[n]。根据元素下标的个数将数组分为一维数组、二维数组等。故又称数组元素为下标变量。

与变量在使用前必须先被定义一样，数组在使用之前，也必须先定义。

一维数组定义的格式：

　　　数据类型　　数组名[元素个数];

例如：

　　　int data[4];　　　　　　/* 定义有 4 个元素的一维数组 data，元素类型为整型 */
　　　char c[10];　　　　　　/* 定义有 10 个元素的一维数组 c，元素类型为字符型 */

☞ 注意：

1）在数组定义的格式中，方括号中的元素个数只能是整型常量。若在应用中，需要改变数组元素个数，通常使用宏定义的办法。如下面的例子定义了有 4 个元素的数组 data。

```
#include<stdio.h>
#define N 4
void main()
{
    int data[N];
    ……
}
```

若要改变数组 data 的大小，只需修改宏定义命令。如将原来的宏定义命令改成：#define

N 10 以后，数组 data 将具有 10 个元素。将数组元素个数定义为变量，然后通过赋值语句或键盘输入为其赋值的办法是行不通的。如下面程序中定义的数组 data 是不合法的：

```
void main()
{
    int n,data[n];
    n=10;                /* 或 scanf("%d", &n); */
    ……
}
```

2）C 语言规定，数组元素的下标从 0 开始，并且下标必须是整型的常量，因此，上面定义的数组 data 包含 4 个元素：data[0]、data[1]、data[2]、data[3]。

3）数组名的命名规则与命名变量名相同。

C 语言的编译系统在处理数组定义语句时，为该数组在内存中分配相应的存储空间。数组在内存中存储时，是按其下标递增的顺序连续存储各元素的值。数组名表示数组存储区域的首地址，而一维数组的首地址也就是数组第一个元素的存储地址。

5.1.2 初始化

一维数组的初始化就是在定义数组时对所有的数组元素赋初值。

例如：int   data[4]={3,0,5,0};

其中，花括号中的数值 3,0,5,0 依次被赋予 data[0]、data[1]、data[2]、date[3]作为初值。

数组 data 在内存中的存储情况如图 5-1 所示。（设数组 data 从地址为 2000H 的内存单元开始存放。H 表示十六进制，以后凡涉及变量存储的图示，均按此理解。）假定一个整型数据占 4B，则各数组元素的存储单元地址分别为 2000H，2004H，2008H 和 200CH。

data[0]	3	2000H
data[1]	0	2004H
data[2]	5	2008H
data[3]	0	200CH

图 5-1   一维数组在内存中的存储

在初始化的格式中，{}中的初始化数据用逗号分隔。当初始化数据个数少于数组元素个数时，剩下的数组元素被赋予零值。例如，执行语句：

int data[4]={3,0,5}; 和 int data[4]={3,0,5,0};的结果是一样的。

此外，在初始化的格式中，{}中的某个初始化数据可以缺省，但是用以分隔数据的逗号不能省略。默认缺省的数据为零值。例如，执行语句：

int data[4] = {3,,5,}; 和 int data[4]={3,0,5,0};的结果也是一样的。

C 语言允许在数组初始化时不指明数组元素的个数。例如：

用 int b[]={1,2,3,4};定义并初始化一维数组 b 是合法的。此时，{}中初始化数据的个数即为数组元素个数。所以，数组 b 有 4 个元素。

5.1.3 一维数组元素的引用

数组元素在程序中可参与同类型的变量所能进行的各种运算。在程序中，通过数组名和下标引用相应的数组元素。在表达式中，数组元素和以前介绍的同类型变量遵循相同的运算规则。

【例 5-1】 用 1,3,5,7,9,11,13,15,17,19 为数组 a 的各元素赋值，然后按 a[9]、a[8]、a[7]，…，a[0]的顺序输出。

```
1:  #include <stdio.h>
2:  void main()
3:  {   int i ,a[10];
4:      for( i=0;i<=9; i++)
5:       a[i]=2*i+1;
6:      for(i=9;i>=0;i－－)
7:       printf("%d,  ", a[i]);
8:  }
```

📝 程序说明：

第 4～5 行：用循环语句为数组元素赋值。

第 6～7 行：依 a[9],a[8],a[7],…,a[0]的顺序输出数组 a 的各元素。

☝ 运行结果：

显示：19, 17, 15, 13, 11, 9, 7, 5, 3, 1,

【例 5-2】 从键盘输入 4 个整数，将它们按从小到大排序后输出。

排序有多种方法，这里介绍两种方法：冒泡排序法和选择排序法。

（1）方法一：冒泡法排序

冒泡法排序的思路是：将相邻两个数 a_i, a_{i+1}（i=0,1,2）进行比较，若 $a_i>a_{i+1}$，就交换此两数，这样，大数就会逐渐往下沉，小数往上升。4 个数，经过第一轮 3 次两两比较、交换，最大数就会沉到最后，存放在 a[3] 中。第二轮再将前面的 3 个数经过两次这样的两两比较、交换后，其中的最大数就会被存放在 a[2]中，第三轮将剩下的两个数比较 1 次，大的数被换到 a[1]，小的数存放在 a[0]中。这样，经过三轮比较就完成了 4 个数的排序。

一般地，对 n 个数进行排序，共需进行 n-1 轮比较，在第 i 轮中要对 n-i+1 个数进行 n-i 次相邻元素的两两比较、交换。

例如：

设 int a[]={ 8,6,4,2};数组 a 在内存中的排列如图 5-2a 所示。

根据算法，执行第一轮比较：

```
for(j=0;j<=2;j++)
    if(a[j] > a[j+1])
            将 a[j]的值与 a[j+1]的值互换；
```

执行过程如图 5-2b 所示。

经过三次循环，a[0]～a[3]中的内容变为：6,4,2,8。最大值 8 已经"沉"到最下面。

再执行第二轮比较：

```
for(j=0;j<=1;j++)
    if(a[j]>a[j+1])
            将 a[j]的值与 a[j+1]的值互换；
```

执行过程如图 5-2c 所示。

结果，a[0]～a[3]中的内容变为：4,2,6,8。

最后，执行第三轮比较：

```
for(j=0;j<=0;j++)
    if(a[j] > a[j+1])
        将a[j]的值与a[j+1]的值互换；
```

执行过程如图 5-2d 所示。

结果，a[0]～a[3] 中的内容变为：2,4,6,8。

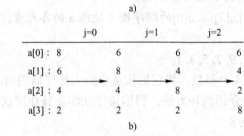

图 5-2　冒泡法排序示意图

将上述三轮循环用 for 语句实现：

```
for(i=0;i<=2;i++)                /* 三轮外循环 */
    for(j=0;j<=2-i;j++)
        if(a[j]>a[j+1])
            将a[j]的值与a[j+1]的值互换；
```

一般地，设：n 个数为 a[0], a[1], a[2],…, a[n-2], a[n-1], 则 n 个数的冒泡排序算法可用 for 循环表示为：

```
for(i=0;i<=n-2;i++)
    for(j=0;j<=n-2-i;j++)
        if(a[j] > a[j+1])
            将a[j]的值与a[j+1]的值互换；
```

冒泡法排序程序：

96

```
1:    #define N 4
2:    #include <stdio.h>
3:    void main()
4:    {      int a[N];
5:           int i,j,t;
6:           printf("Please input %d numbers:\n",N);
7:           for(i=0;i<N;i++)
8:              scanf("%d",&a[i]);
9:           for(i=0;i<=N-2;i++)
10:           for(j=0;j<=N-2-i;j++)
11:             if(a[j]>a[j+1])
12:               {
13:                  t=a[j];
14:                  a[j]=a[j+1];
15:                  a[j+1]=t;
16:               }
17:           printf("\n The sorted numbers:\n");
18:           for(i=0;i<=N-1;i++)
19:             printf("%d    ",a[i]);
20:           printf("\n ");
21:    }
```

✍ 程序说明：

第 1 行：用宏定义命令#define 定义数组 a 的大小为符号常量 N，改变 N 的值即可以使程序适应不同大小的数组。习惯上用大写字母表示符号常量。

第 8 行：数组元素与普通变量一样，a[i] 前面的 "&" 符号不可缺少。

第 9～16 行：对数组 a[]中的元素进行由小到大的排序。若要将数组 a 中的元素进行由大到小的降序排序只需将第 11 行改为 if(a[j]<a[j+1]) 即可。第 12～16 行是一个复合语句，完成将 a[j]的值与 a[j+1]的值互换。

（2）方法二：选择法排序

选择法排序的思路是：对存放在数组中待排序的 4 个数 a[0]、a[1]、a[2]和 a[3]，先经过 3 次比较找出其中的最小数并与 a[0]对换，再经过 2 次比较找出 a[1]、a[2]和 a[3]中的最小数并与 a[1]进行对换，最后，进行一次比较，选出 a[2]和 a[3]中的最小数与 a[2]进行对换。

一般地，对 n 个数进行排序，共需进行 n-1 轮比较，在第 i 轮要经过 n-i 次两两比较，在数组未经排序的 n-i+1 个数中找出最小数并与 a[i-1]对换。与冒泡法相比，选择法只是在每轮比较结束后，根据需要，作一次对换操作。

下面给出第一轮比较的算法说明，读者可照此理解其余的几轮比较：

第一轮比较要求在 a[0],a[1],a[2]和 a[3]中找出最小数，并将其与 a[0]中的元素进行对换，为此，用整型变量 k 存放当前数组中最小元素的下标。即 a[k]是当前数组中的最小元素。在开始时，假设 a[0] 为当前数组中的最小元素，故 k=0。依次将 a[1] ,a[2] 和 a[3] 与 a[k] 作比较，若其中的 a[i](i=1,2,3) 满足 a[i]<a[k]，则令 k=i，于是当这一轮比较结束时，a[k] 为当前的最小元素。如果 a[k] 就是 a[0]，则不需要对换，直接开始下一轮比较，否则，将 a[k]、a[0] 中的值进行对换。

选择法排序程序：

```
1:    #define N 4
2:    #include <stdio.h>
3:    void main()
4:    {       int a[N];
5:            int i,j,k,t;
6:            printf("input %d numbers:\n",N);
7:            for(i=0;i<N;i++)
8:              scanf("%d",&a[i]);
9:            for(i=0;i<N-1;i++)
10:             {
11:               k=i;
12:               for(j=i+1;j<=N-1;j++)
13:                 if(a[j]<a[k])
14:                   k=j;
15:               if(i!=k)
16:                 {
17:                   t=a[i];
18:                   a[i]=a[k];
19:                   a[k]=t;
20:                 }
21:             }
22:            printf("\n the sorted numbers:\n");
23:            for(i=0;i<N;i++)
24:              printf("%d,   ",a[i]);
25:            printf("\n");
26:    }
```

📝 **程序说明：**

第 9～21 行：实现对数组的 N 个元素作 N-1 轮比较。

第 11 行：在第 i 轮比较中（i=0,1,2,…,N-1），假设 a[i] 为当前的最小元素，并将 i 赋值给 k。

第 12～14 行：内循环，若 a[j]<a[k]，则 a[j] 成为当前的最小数，并将 j 赋值给 k，继续执行内循环的比较，所以，a[k]是每次比较后当前的最小数。

第 15～20 行：若本轮比较的结果，最小数不是假设的 a[i]，则将 a[i]、a[k]的值互换，然后回到第 9 行开始下一轮比较。

👉 **注意：**

在例 5-1 和例 5-2 的程序中，参与数据运算的都是数组中的元素。C 语言规定，数组整体不能参与数据运算。

【例 5-3】 给定 n 次多项式：

$$f(x)=a_nx^n+a_{n-1}x^{n-1}+a_{n-2}x^{n-2}+\cdots+a_2x^2+a_1x+a_0$$

各项系数的值，要求从键盘输入 x 的值，并输出多项式的值。

分析：对一次多项式：a_1x+a_0，在程序中通过表达式 a[1]*x+a[0] 计算其值，共计执行一次乘法和一次加法。

对二次多项式：$a_2x^2+a_1x+a_0$，先将其化成等价的 $(a_2x+a_1)x+a_0$，在程序中通过表达式 (a[2]*x+a[1])*x+a[0] 计算其值，共计执行二次乘法和二次加法。如果记(a[2]*x+a[1])为 A，则 (a[2]*x+a[1])*x+a[0] 可表示为：A*x+a[0]。因此，二次多项式的计算可以通过两步实现：

第一步：计算 a[2]*x+a[1]—— 记为 A

第二步：计算 A*x+a[0]

读者可以发现，这两步计算在形式上是一样的。

类似地，三次多项式：$a_3x^3+a_2x^2+a_1x+a_0$ 的计算在程序中应表示为：((a[3]*x+a[2])*x+a[1])*x+a[0]，下面给出相应的计算步骤，为了说明问题，将前两个步骤的计算结果均记为 A：

第一步：计算 a[3]*x+a[2] —— 记为 A

第二步：计算 A*x+a[1] ——记为 A

第三步：计算 A*x+a[0] —— 得到最后结果。

显然，上述每个计算步骤都由一次乘法和一次加法构成，在程序中通过循环结构可以方便地实现这些步骤。推而知之，n 次多项式的计算步骤为：

第一步：计算 a[n]*x+a[n-1] —— 记为 A

第二步：计算 A*x+a[n-2] ——记为 A

$$\vdots$$

第 n-1 步：计算 A*x+a[1] —— 记为 A

第 n 步：计算 A*x+a[0] ——得到最后结果。

上述计算步骤构成了多项式求值的算法。

程序如下：

```
1:    #define N 3
2:    #include <stdio.h>
3:    void main()
4:    {    float a[N+1],A,x;
5:         int i;
6:         printf("Please Input a[%d],a[%d],…,a[0]: \n",N,N-1);
7:         for(i=N;i>=0;i- -)
8:             scanf("%f",&a[i]);
9:         printf("Please Input x: \n");
10:        scanf("%f",&x);
11:        f=a[N];
12:        for(i=N;i>0;i- -)
13:            A=A*x+a[i-1];
14:        printf("Result=%f\n",A);
15:   }
```

✍ **程序说明：**

第 4 行：N 次多项式有 N+1 个系数，存放在数组 a 中。

第 11～13 行：实现算法。

☞ **注意：**

C 语言提供的数学函数 pow(a,n) 用于计算 a^n，函数原型为 double pow(double, double);所以，本例的程序也可以用函数 pow() 来完成。在 n 比较大的时候，用函数 pow() 的程序运行速度明显地比用上述算法慢。

5.2 字符数组与字符串

5.2.1 字符数组

在定义字符数组的同时可对其初始化，参照对一维数组初始化的方法，用{}包括初始化数据。

例如：

char str1[]={ 'p','r','o','g','r','a','m'}; 定义一个有 7 个元素的字符数组 str1，并用花括号中的字符常量对数组进行初始化。下面的语句实现的是同样的功能：

char str1[]={112,114,111,103,114,97,109};

所不同的是，花括号中的数据不是字符常量本身，而是字符常量相应的 ASCII 码值。

字符数组 str1 在内存中的存储情况如图 5-3 所示。

设数组 str1 从地址为 2000H 的内存单元开始存放，由于一个字符型数据占一个字节，所以各数组元素的存储单元地址从 2000H 到 2006H。

2000H	'p'
2001H	'r'
2002H	'o'
2003H	'g'
2004H	'r'
2005H	'a'
2006H	'm'

【例 5-4】 从键盘输入 10 个字符，统计字符'g'出现的次数。

```
1:    #include <stdio.h>
2:    void main()
3:    {   int counter=0,i;
4:        char c[10];
5:        printf("Please input ten characters\n");
6:        for(i=0;i<10;i++)
7:            scanf("%c",&c[i]);
8:        for(i=0;i<10;i++)
9:            if(c[i]!= 'g')
10:               continue;
11:           else
12:               counter++;
13:       printf("Charater g appears %d times.\n",counter);
14:   }
```

图 5-3　字符数组 str 在内存中的存储

✍ **程序说明：**

第 8～12 行：对字符数组 c 中的元素 c[i]进行判别，如果不是字符'g'，由 continue 语句转去取下一个数组元素继续判别，如果是字符'g'，则用于计数的变量 counter 增 1，之后，取下一个数组元素继续判别。

5.2.2 字符串

C 语言不支持字符串变量。通过字符数组对字符串进行存储和处理。字符数组的一个元素对应于字符串中的一个字符，最后用转义字符'\0'(ASCII 码表中的 NULL 字符) 作为字符串的结束符。因此，对于字符个数为 n 的字符串，须占用 n+1 个字节的内存空间。

可以用字符串对字符数组初始化，其格式为：

      char 字符数组名[元素个数]="字符串";

或：

      char 字符数组名[]="字符串";

例如，语句：char str2[]="program"; 定义了字符数组 str2，并用字符串"program"对其初始化。假定数组 str2 从地址为 2000H 的内存单元开始存放，str2 在内存中的存储情况如图 5-4 所示。

比较图 5-4 与图 5-3 可知，用字符串对字符数组初始化，较之用单个字符对字符数组初始化要多占用一个字节用以存放字符串的结束符"\0"。

2000H	'p'
2001H	'r'
2002H	'o'
2003H	'g'
2004H	'r'
2005H	'a'
2006H	'm'
2007H	'\0'

图 5-4　字符数组 str2 在
内存中的存储

☞ 注意：

在程序的执行语句部分，不允许把字符串赋予一个数组。下面程序段中第二个语句是错误的。

```
char   name[7];
name[7]="TurboC";                  /* 错误 */
```

【例 5-5】 使用函数 scanf()和函数 printf()输入、输出字符串。

```
1:   #include <stdio.h>
2:   void main()
3:   {    char str[ ]= "what is your name ? ";
4:        char name[20];
5:        printf("%s\n",str) ;
6:        scanf("%s",name) ;
7:        printf("\n My   name   is %s.\n", name) ;
8:   }
```

✍ 程序说明：

第 5 行："%s"为字符串输入、输出格式控制符，表示以字符串格式输入或输出指定的内容。本行通过函数 printf()输出字符数组 str 中的字符串，输出对象以字符数组名 str 表示。

第 6 行：通过函数 scanf()从键盘输入字符串，并赋值给字符数组 name。需要注意的是，与以前使用函数 scanf()不同，这里的数组名前面不可使用取地址运算符 "&"，不可将 name 写成&name，因为数组名就代表数组的首地址。请读者对照例 5-4 与本例中使用 scanf()的情况，理解字符格式和字符串格式在使用中的不同之处。注意，用函数 scanf()不能输入带空格的字符串。

🎵 运行结果：

第一次运行：

显示：what is your name?

输入：Lihua<回车>

显示：My name is Lihua.

第二次运行：

显示：what isyour name?

输入：Li hua<回车>

显示：My name is Li.

【例5-6】 编程实现字符串复制，同时将小写字母变换成大写字母。

分析：由于在程序中不能将一个字符串赋值给另一个字符数组，所以采用逐个字符赋值的办法实现字符串复制。需要注意的是，字符串结束符"\0"也是字符串的组成部分。

程序如下：

```
1:  #include <stdio.h>
2:  void main()
3:  {   char a[20],b[20];
4:      int i=0;
5:      printf("Please enterastring: \n");
6:      scanf("%s",a);
7:      do
8:        b[i]=(a[i]>='a'&& a[i]<='z')?(a[i] −32):a[i];
9:      while(a[i++]!='\0');
10:     printf("Copyedstring:%s\n",b);
11:  }
```

✍ 程序说明：

第3行：定义两个字符数组。因为没有对字符数组进行初始化，所以必须明确数组大小。这里限定输入的字符串的长度不超过20个字符（包括字符'\0'）。

第7～9行：通过 do-while 循环实现用逐个字符赋值的办法将字符数组 a 中的字符串复制到字符数组 b，同时将小写字母变换成大写字母。第 8 行的语句为循环体，这是一个赋值语句，赋值运算符的右边是一个条件表达式，请读者分析该表达式的取值。

第9行的表达式决定了执行循环体的条件：若当前的 a[i]不是字符串结束符，继续执行循环体，否则结束循环。无论是否继续执行循环体，在对当前的 a[i]是否是'\0'字符的判断之后，均执行 i++的操作。请读者思考，如何从 i 中获得原字符串长度的信息？

思考题：

如果字符串中既有英文字母，也有其他字符，现要求只复制字符串中的英文字母，同时将小写字母变换成大写字母。应当如何修改上述程序？

5.2.3 常用的字符串处理函数

为了方便对字符串的处理，C 语言提供了若干字符串处理函数。下面所介绍的为 C 程序中常用的字符串处理函数。

1．字符串输入函数 gets()

函数 gets()的作用是：从键盘上输入一个字符串，并把它存放在参数所指示的字符数组中，输入的字符串以<回车>作为结束，用函数 gets()输入的字符串可以含有空格。

函数 gets()的调用格式：

gets(字符数组名)

如果函数调用成功，将返回字符数组的首地址，否则，返回空值 NULL。

例如，执行语句：

```
char c[10];
gets(c);
```

若键入"English"后回车，字符数组 c 中存放的是字符串"English"。

2．字符串输出函数 puts()

函数 puts()的作用是：将字符串输出到显示屏。

函数 puts()的调用格式：

puts(字符数组名)　　或　　puts(字符串)

例如，执行语句：

```
char c[]="China";
puts(c);
```

在显示屏上输出：China。

☞ **注意：**

1）函数 gets()、puts()每次只能处理一个字符串。

2）在使用函数 gets()、puts()之前，应当使用预处理命令# include <stdio.h>。

3．求字符串长度函数 strlen()

函数 strlen()的作用是：求字符串所包含的字符个数（字符串末尾的'\0' 不计在内）。

函数 strlen()的调用格式：

strlen(字符数组名)　　或　　strlen(字符串)

如果函数调用成功，将返回字符个数。

例如，执行语句：

```
char c[]="China";
printf("%d\n",strlen(c));
```

在显示屏上输出：5

4．字符串连接函数 strcat()

函数 strcat()的作用是：用于连接两个字符串，将第二个字符串连接在第一个字符串之后，成为一个新的字符串。

函数 strcat()的调用格式：

strcat(字符数组1,字符数组2)　　　　或　　　strcat(字符数组1,字符串)

如果函数调用成功，将返回字符数组1。

例如，执行语句：

```
char c[30]= "China",d[]=" is a great country.";    /* 数组 c 定义得足够大以便容纳连接后的新字符串  */
puts(strcat(c,d));                                 /* 先执行 strcat(c,d),  然后执行 puts(c) */
```

在字符数组 c 中存放的是连接以后的新的字符串，新字符串仅在结尾处有一个结束符'\0'，原来位于字符串"China" 末尾的结束符'\0'在连接时被取消。

最后，在显示屏上输出：China is a great country.

上例也可以改写成如下形式：

```
char c[30]= "China";
puts(strcat(c, " is a great country."));
```

或　puts(strcat("China ", "is a great country."));

执行后，输出相同的结果。

5. 字符串复制函数 strcpy()

函数 strcpy()的作用是：用于复制字符串，将第二个字符串复制到由第一个字符数组中。该数组中原有的字符串将被覆盖。

函数 strcpy()的调用格式：

```
strcpy(字符数组 1，字符数组 2)
```

如果函数调用成功，将返回字符数组1。

例如，执行语句：

```
char c[30],d[]="China";
puts(strcpy(c,d));
```

在显示屏上输出：China

6. 字符串比较函数 strcmp()

函数 strcmp()的作用是：用于比较两个字符串的大小。

所谓比较两个字符串的大小，就是依次比较两个字符串中字符的 ASCII 码值，若两个字符串中各对应位置上的字符都相同，则认为这两个字符串相等，函数值为 0。若第一个字符串中某个位置上字符的 ASCII 码值大于第二个字符串中对应位置上字符的 ASCII 码值，而在此之前两个字符串中对应位置上的字符都相同，则认为第一个字符串大于第二个字符串。反之，则认为第二个字符串大于第一个字符串。

函数 strcmp()的调用格式：

```
strcmp(字符数组 1，字符数组 2)
```

如果函数调用成功，返回值如下：

strcmp(字符数组 1，字符数组 2)的值：
$\begin{cases} \text{等于 0，表示字符数组 1 等于字符数组 2} \\ \text{大于 0，表示字符数组 1 大于字符数组 2} \\ \text{小于 0，表示字符数组 1 小于字符数组 2} \end{cases}$

例如，比较字符串 "English" 和 "England"，按上述规则，strcmp("English","England")

的值大于 0，而 strcmp("England"，"English") 的值小于 0。

【例 5-7】 预先设定字符串 "123456" 为密码，再从键盘输入一个字符串，若和密码相符，显示：Welcome!，否则显示：Sorry!

```
1:      #include<stdio.h>
2:      #include<string.h>
3:      void main()
4:        {
5:         char pw[]="123456",c[10];
6:         printf("Please input your password:\n");
7:         gets(c);
8:         if(strcmp(pw,c)==0)
9:           printf("Welcome!\n");
10:        else
11:           printf("Sorry!\n");
12:     }
```

✍ 程序说明：

第 8 行：在调用函数 strcmp() 时，用字符数组名 pw 和 c 表示两个字符数组，该行也可以改写为：if(strcmp("123456",c)==0)。

☞ 注意：

1）在使用字符串处理函数之前，应当使用#include 命令将其头文件 string.h 包含进来，如例中的第 2 行。

2）在对两个字符串进行比较时，只能使用函数 strcmp()，如例中的第 8 行。以下种种表达方式都是错误的：

```
if(pw==c)，  if(pw!=c)，  if("123456"!=c)
```

7. 将字符串中大写字母转换成小写字母函数 strlwr()

函数 strlwr() 的作用是：将字符串中所有的大写字母转换成小写字母。

函数 strlwr() 的调用格式：

```
strlwr(字符数组名)  或  strlwr(字符串)
```

例如，执行语句：

```
puts(strlwr("A Student "));
```

在显示屏上输出：a student

8. 将字符串中小写字母转换成大写字母函数 strupr()

函数 strupr() 的作用是：将字符串中所有的小写字母转换成大写字母。

函数 strupr() 的调用格式：

```
strupr(字符数组名)  或  strupr(字符串)
```

例如，执行语句：

```
puts(strupr("English"));
```

在显示屏上输出：ENGLISH

5.3 二维数组

5.3.1 二维数组的定义和初始化

在 C 语言中，除了可以定义和处理一维数组外，还可以定义和处理二维、三维等多维数组，数组的维数没有限制。这里仅介绍在矩阵运算中得到广泛应用的二维数组。

例如，设 4 个学生的 3 门课程成绩如下：

姓　　名	语　文	数　学	外　语
王小明	75	88	72
张小阳	68	91	92
钱小亮	87	96	98
赵小月	78	82	90

则可以将其中的数据表示为一个 4 行 3 列的二维矩阵：

$$\begin{pmatrix} 75 & 88 & 72 \\ 68 & 91 & 92 \\ 87 & 96 & 98 \\ 78 & 82 & 90 \end{pmatrix} \begin{matrix} 第 0 行 \\ 第 1 行 \\ 第 2 行 \\ 第 3 行 \end{matrix}$$

第 0 列第 1 列第 2 列

矩阵中的元素由其所在的行与列唯一确定，若将上述矩阵命名为 score，则 score[i][j] 表示矩阵中第 i 行，第 j 列的元素，于是：

score[0][0]=75, score[1][1]=91, score[2][2]=98，score[3][2]=90,…。

定义二维数组的格式：

类型说明符数组名 [行数][列数];

例如，语句：

int score[4][3];

定义了 4 行 3 列的二维数组 score。

与一维数组的情形相仿，在定义二维数组时可同时对其初始化。

例如，下面的语句在定义二维数组 score 的同时对其初始化：

int score[4][3]={75,88,72,68,91,92,87,96,98,78,82,90};

设数组 score 在内存中的起始地址为 2000H，则其在内存中的存储情况如图 5-5 所示。

由图 5-5 可知，二维数组在内存中是按行优先次序分配存储单元。所以，在进行初始化时，向二维数组的各个元素赋初值的数据排列顺序一定要和数组各元素在内存中的存储顺序完全一致。二维数组的行、列下标都从 0 开始。

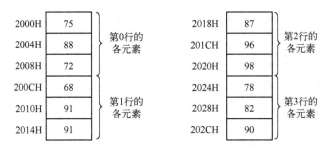

图 5-5   二维数组 score 在内存中的存储

例如，执行语句 int x[2][3]={1，2，3，4，5，6}；

经初始化，将数值 1、2、3、4、5、6 依次存储在数组元素 x[0][0]，x[0][1]，x[0][2]，x[1][0]，x[1][1]，x[1][2]中。

通常，对二维数组进行初始化，采取另一种更直观的形式。将对应于数组每一行的数据用一对花括号{}括起来。例如上述数组 x 初始化时可以使用下列形式：

   int x[2][3]={{1,2,3},{4,5,6}};

其中第一组数据{1,2,3}对应于第 0 行的三个元素 x[0][0],x[0][1],x[0][2]。第二组数据{4,5,6}对应于第 1 行的三个元素 x[1][0],x[1][1],x[1][2]。

使用这种花括号嵌套的方法，还可以像一维数组初始化那样，对于赋 0 值的元素，在其对应的初值数据位置上默认该数据。例如：

   int x[2][3]={{3},{,,4}}; /* 第 2 个花括号中的两个逗号不可省略，因为它们表示在前面还有两个元素。*/

等价于：

   int x[2][3]={{3,0,0},{0,0,4}};

再如：

   int x[2][3]={{1,2},{}}; /* 第 2 个花括号不可省略，因为在这里它们表示该行元素全部为 0 */

等价于：

   int x[2][3]={{1,2,0},{0,0,0}};

与一维数组的情形类似，在定义二维数组并进行初始化时，允许省略其行数。但要注意，二维数组的列数在定义时不可省略。例如：

   int a[][3]={{75,88,72},{68,91,92},{87,96,98},{78,82,90}};

等价于：

   int a[4][3]={{75,88,72},{68,91,92},{87,96,98},{78,82,90}};

再如：

   float b[][3]={{1.21},{2.0，-5.5},{4.32，-5.8，-9.60}};

等价于：

```
float b[3][3]={{1.21,0.0,0.0},{2.0, -5.5,0.0},{4.32, -5.8, -9.60}};
```

5.3.2　二维数组元素的引用

在程序中，通过数组名和下标引用数组元素。其格式为：

　　　数组名[行下标][列下标]

与一维数组一样，二维数组元素的行、列下标从 0 开始。

【例 5-8】　从键盘输入整型的 2 行 3 列的矩阵，将其转置后输出。

分析：矩阵转置就是将矩阵的行与列互换。即：将第 0 行变成第 0 列，第 1 行变成第 1 列，……，也就是使第 i 行、第 j 列的元素成为第 j 行、第 i 列的元素。

例如，矩阵：

$$\begin{bmatrix} 2 & 4 & 6 \\ 8 & 10 & 12 \end{bmatrix} \qquad \text{转置后成为：} \qquad \begin{bmatrix} 2 & 8 \\ 4 & 10 \\ 6 & 12 \end{bmatrix}$$

程序如下：

```
1:  #include <stdio.h>
2:   void main()
3:   { int a[2][3],b[3][2],i,j;
4:      for(i=0;i<2;i++)
5:        for(j=0;j<3;j++)
6:          scanf(" %d ",&a[i][j]);
7:      for(i=0;i<2;i++)
8:        {
9:          for(j=0;j<3;j++)
10:           printf(" %d      ",a[i][j]);
11:          printf("\n");
12:        }
13:     for(j=0;j<3;j++)
14:       for(i=0;i<2;i++)
15:         b[j][i]=a[i][j];
16:     for(i=0;i<3;i++)
17:       {
18:       for(j=0;j<2;j++)
19:         printf(" %d ",b[i][j]);
20:       printf(" \n");
21:       }
22:   }
```

📎 **程序说明：**

第 3 行：定义两个二维数组 a、b，分别存放初始矩阵和转置后的矩阵。

第 4～6 行：通过两重循环，逐个输入矩阵元素值，赋给二维数组 a 中的相应元素。外循环控制行，内循环控制列。先固定行，对列元素循环，然后修改行准备开始下一轮外循环。这是二维数组输入、输出中常用的方法，读者应当熟练掌握。

第 7~12 行：通过两重循环，输出矩阵 a，输出一行后，由第 11 行的语句完成换行。

第 13~15 行：通过两重循环，完成矩阵转置。对照本例中的实例，读者可以发现，初始矩阵中第 i 行(i=0,1)，第 j 列(j=0,1,2)的元素，经转置后，成为第 j 行，第 i 列的元素。

第 16~21 行：参阅第 7~12 行的说明。

【例 5-9】 设有一个 4 行 3 列的整型矩阵，从键盘上输入矩阵元素的值，计算并输出每行元素的平均值。

```
1:   #include <stdio.h>
2:   void main()
3:   {   inta[4][3],i,j;
4:       float ave,b[4];
5:       for(i=0;i<4;i++)
6:          for(j=0;j<3;j++)
7:             scanf("%d",&a[i][j]);
8:       for(i=0;i<4;i++)
9:       {
10:          ave=0.0;
11:          for(j=0;j<3;j++)
12:          ave+=a[i][j];
13:          b[i]=ave/3;
14:       }
15:       for(i=0;i<4;i++)
16:       printf("b[%d]=%f\n",i,b[i]);
17:   }
```

✍ 程序说明：

第 4 行：由于若干个整数的平均值可能出现小数，故用以存放平均值的变量 ave 和数组 b 必须定义为浮点型。

第 8~14 行：通过两重循环计算矩阵中第 i 行（i=0,1,2,3）的平均值，将结果存放在一维数组元素 b[i] 中。其中，第 9~14 行的复合语句是外循环的循环体。第 10 行的语句将变量 ave 的初值置为 0，为第 11~12 行的连加作准备。第 11~12 行计算矩阵中第 i 行（i=0,1,2,3）中各元素值的累加和，结果存放在变量 ave 中。第 13 行将累加和除以列数，得到平均值。

【例 5-10】 编程找出 4 行 3 列的整型矩阵中元素的最小值，并指出其所在的行与列。

分析：首先，假设位于第 0 行、第 0 列的元素是当前的最小值，然后，依次用矩阵中元素的值与当前的最小值比较，若比当前的最小值更小，令其成为当前的最小值，并记下其所在的行号与列号。这样，到最后，当前的最小值也就是整个矩阵中元素的最小值，同时也记下了其所在的行号与列号。

程序如下：

```
1:   #include <stdio.h>
2:   void main()
3:   {   introw=0,column=0,min,i,j;
4:       int a[4][3]={{ -8,3,67},{12, -31,5},{0,64, -100},{98,0,16}};
```

```
5:          min=a[0][0];
6:          for(i=0;i<4;i++)
7:           for(j=0;j<3;j++)
8:            if(a[i][j]<min)
9:              {
10:               min=a[i][j];
11:               row=i;
12:               column=j;
13:              }
14:          printf("MIN=%d, ROW=%d, COLUMN=%d\n",min,row,column);
15:    }
```

✍ 程序说明：

第 6~13 行：为一个两重循环，其中第 8~13 行是内循环的循环体，这是一个条件语句，将当前的数组元素 a[i][j] 与当前的最小值 min 比较，当满足 a[i][j]<min 时，使 a[i][j] 成为当前的最小值，并将其所在的行号与列号分别存入记录行号和列号的变量 row 和 column 中。

☝ 运行结果：

显示：MIN= -100, ROW=2, COLUMN=2

思考题：

修改本例的程序，达到同时找出矩阵中最小元素值和最大元素值，并指出它们所在的行与列。

5.4 典型例题分析

【例 5-11】 若有数组 a，其数组元素和它们的值如下所示：

数组元素：a[0]，a[1]，a[2]，a[3]，a[4]，a[5]，a[6]，a[7]，a[8]，a[9]

元素中的值： 9 4 12 8 2 10 7 5 1 3

请填空：

1）对该数组进行定义并赋以上初值的语句是_____(1)_____。

2）该数组中数组可用的最小下标值是_____(2)_____；最大下标值是_____(3)_____。

3）该数组中下标最小的元素名字是_____(4)_____；它的值是_____(5)_____；下标最大的元素名字是_____(6)_____；它的值是_____(7)_____。

4）数组的元素中，数值最小的元素的下标值是_____(8)_____；数值最大的元素的下标值是_____(9)_____。

解析：

1）根据一维数组定义和初始化方法，在数组定义的同时对数组元素进行初始化。数组类型与所赋数据的类型应一致，数组元素的个数说明了该一维数组的大小，因此，该数组定义并赋初值的语句为： int a[10]={ 9,4,12,8,2,10,7,5,1,3};

2）C 语言规定，数组元素的下标从 0 开始。因此答案为：0

3）由于数组元素的下标从 0 开始，因此数组的最大下标值为数组元素总个数减 1。本

题答案为：9

4）a[0]。

5）9。

6）a[9]。

7）3。

8）8。

9）2。

【例 5-12】　从键盘输入一个十进制正整数，把它转换成十六进制数输出，若输入负数，则结束程序，并给出错误信息。

```
#include <stdio.h>
void main()
{
    int a[20],i,num,n=0;
    printf("Please Input number:(>0) ");
        scanf("%d",&num);
    if(num>0)
        {   while(num)
            { a[n]=num%16;
              num=num/16;
                n++;
            }
            for(i=n-1;i>=0;i- -)              /* 余数从高位到低位进行输出 */
                if(a[i]<=9)                    /* 余数为 0·~9 */
                printf("%d",a[i]);
                else                           /* 余数为 10～15 */
        printf("%c",a[i]-10+'A');             /* 转换成字符 A～F 输出*/
            }
            else printf("data error!");
            printf("\n");
}
```

解析：

把十进制正整数 num 转换成二进制数的方法是：将 num 不断除 16 取余，余数放在数组 a 中，直到最后 num 等于 0 为止。由于余数是从低位到高位进行存放的，所以输出时要从高位到低位进行输出，且当余数为 10～15 时，必须转换成字符 A～F 输出。

【例 5-13】　从键盘输入一个整数，把它插入到一个有序数列中，使插入后的数列仍然有序。

```
#include <stdio.h>
#define N 5
void main()
{
    int a[N+1]={12,17,20,25,35};
    int x,i;
```

```
        printf("Enter a number:   ");
        scanf("%d",&x);                      /* x 为待插入的数  */
        i=N-1;
        while(i>=0&&a[i]>x)
          { a[i+1]=a[i];
            i- -;
            }
          a[++i]=x;
          for(i=0;i<=N;i++)
               printf("%4d",a[i]);
          printf("\n");
      }
```

解析：通常插入算法包含 4 个主要步骤：

1）确定插入位置。

2）把从最后一个元素到插入位置的每一个元素中的值，依次向后移动一个位置，即循环执行{a[i+1]=a[i]; i- -;}。

3）在确定的位置插入 x 的值。

4）元素的个数增 1。

【例 5-14】 以下能判断字符串 s1 是否小于字符串 s2 的是（   ）。

A．if(s1<s2)   B．if(strcmp(s1,s2))

C．if(strcmp(s1,s2)<0)   D．s1<s2

解析：

两个字符串 s1 与 s2 比较大小，必须使用字符串比较函数 strcmp(s1,s2)。若 s1>s2，则返回 1；若 s1＝s2，则返回 0；若 s1<s2，则返回-1。

因此正确答案为 C。

【例 5-15】 以下不正确的字符串赋值方式是（   ）。

A．char s[ ]={ 'p','r','o','g','r','a','m', '\0'};

B．char s[ ]="program";

C．char s1[10]; s1="program";

D．char s1[ ]="program",s2[ ]="abcdefgh";   strcpy(s2,s1);

解析：

在 C 语言中，没有专门的字符串变量，用字符数组来存储和处理字符串。必须注意，字符串以空字符'\0'作为其结束标志。如果一个字符数组中所存储的一系列字符后跟随有空字符'\0'，那么就可以肯定，该字符数组中存储的是一个字符串。

如：题中 A．char s[ ]={ 'p','r','o','g','r','a','m', '\0'};

此时字符数组 s 中存放的就是字符串 "program"，s 数组的长度为 8。另外，C 语言也允许利用字符串常量来为一个字符数组赋予初始值。

如：题中 B．char s[ ]= "program";

此时 s 数组的长度为 8，系统自动在末尾加了一个'\0'。

比较：char s[ ]={ 'p','r','o','g','r','a','m'};

112

此时 s 数组的长度为 7。

题中 C. 首先定义了一个含 10 个元素的字符型一维数组 s1，s1 是数组名，是个地址常量，不允许重新赋值。

题中 D. 首先对 s1 和 s2 数组赋初值，然后用字符串复制函数 strcpy 将 s1 复制到 s2，由于字符串 s2 的长度大于字符串 s1 的长度，因此复制是合法的。

本题的正确答案为：C。

【例 5-16】 若有以下定义语句，则输出结果是（　　　）。

A. 11　　　　　　B. 10　　　　　　C. 9　　　　　　D. 8

```
char str[15]= "C program!";
printf("%d",strlen(str));
```

解析：

函数 strlen()用以求字符串的长度。在 C 语言中，字符串的长度与具体开辟了多少内存空间无关，只与实际字符个数有关，并且不包含结束标记'\0'。

因此正确答案为：B。

【例 5-17】 以下程序的运行结果为。

```
#include <stdio.h>
void main()
{
    int i,a[5]={0};
    for(i=1;i<=4;i++)
      {  a[i]=a[i-1]*2+1;
          printf("%d ",a[i]);
      }
}
```

解析：数组 a 在定义的同时初始化为 0，for 循环实现给数组元素 a[1]～a[4]赋值为前一个数组元素的两倍加 1，并输出。

程序运行结果为：

1 3 7 15

【例 5-18】 编写一个用来分类统计所输入的字符中，大写字母个数的程序。用＃号结束输入。

解析：根据题意，定义一维整型数组 c[26]，用于存放各大写字母的个数，c[0]中存放大写字母 A 的个数，c[1]中存放大写字母 B 的个数，以此类推。程序中首先利用 for 循环语句对 C 数组的所有元素置初值 0。由于大写字母 A 的 ASCII 码为 65，因此程序中利用语句 c[ch-'A']++;或 c[ch-65]++;对满足条件的大写字母进行统计。最后在屏幕上输出字符和该字符读入的次数。

程序如下：

```
#include <stdio.h>
void main()
```

```
{   int c[26],i;
    char ch='A';
    for(i=0;i<26;i++)
        c[i]=0;                          /*c 数组存放各种大写字母的个数，先置初值 0 */
    scanf("%c",&ch);                     /*从键盘输入字符 */
    while(ch!='#')
    {   if((ch>='A') && (ch<='Z'))       /*满足条件，相应计数器加 1*/
        c[ch-'A']++;
        scanf("%c",&ch);
    }
    for(i=0;i<26;i++)
        if(c[i])
            printf("%c:%d\n",i+'A',c[i]);   /*输出字符和该字符读入的次数*/
}
```

【例 5-19】 编写程序，创建 4 行 4 列的二维数组 a，然后再对该数组按列从大到小排序，最后以矩形形式输出排序前、后的数组内容。

例如：

排序前 a 数组的内容为：

$$\begin{pmatrix} 3 & 6 & 18 & 1 \\ 10 & 5 & 11 & 30 \\ 8 & 15 & 25 & 40 \\ 7 & 20 & 2 & 17 \end{pmatrix}$$

排序后 a 数组的内容为：

$$\begin{pmatrix} 40 & 18 & 10 & 5 \\ 30 & 17 & 8 & 3 \\ 25 & 15 & 7 & 2 \\ 20 & 11 & 6 & 1 \end{pmatrix}$$

解析：

因为 4 行 4 列数组共 16 个元素，因此在程序中增加一个一维数组 b[16]。排序前先将二维数组按列线性展开转存于 b 数组中，然后对一维数组 b 按从大到小的顺序排序，最后将已排好序的 b 数组还原到 a 数组中去。

```
#include <stdio.h>
void main()
{
    int i,j,k=0,max,temp,a[4][4],b[16];
    for(i=0;i<4;i++)
        for(j=0;j<4;j++)
            scanf ("%d",&b[k++]);
        printf ("before sort:\n");
        k=0;
    for(i=0;i<4;i++)
```

```
        {
          for(j=0;j<4;j++)
            printf("%5d",b[k++]);
          printf("\n");
        }
      for(i=0;i<15;i++)      /*sort*/
        {
          max=i;
          for(j=i+1;j<16;j++)
              if(b[j]>b[max])    max=j;
          temp=b[i];    b[i]=b[max];
          b[max]=temp;
        }
        k=0;
        for(j=0;j<4;j++)
            for(i=0;i<4;i++)
            a[i][j]=b[k++];
        printf("after sort:\n");
      for(i=0;i<4;i++)
      {
        for(j=0;j<4;j++)
            printf("%5d",a[i][j]);
        printf("\n");
      }
    }
```

5.5 实验 6 数组程序设计

一、实验目的与要求

1）掌握一维数组和二维数组的定义、初始化以及输入输出的方法。

2）掌握字符数组和字符串处理函数的使用。

二、实验内容

1．改错题

1）下列程序的功能为：从键盘输入 3 个整数放到一维数组 a 中，经过计算后输出第 1 个数组元素。请纠正程序中存在的错误，使程序实现其功能。

```
#include<stdio.h>
void main()
{
    int a[3]={3*0}
    int i;
    for(i=0;i<3;i++) scanf("%d",a[i]);
    for(i=1;i<3;i++) a[0]=a[0]+a[i];
    printf("%d\n",a);
}
```

2）下列程序的功能为：将数组中的元素颠倒次序存放。请纠正程序中存在的错误，使程序实现其功能。

假设：原数组中的元素为　2　4　1　6　8　5

颠倒次序后元素为　5　8　6　1　4　2

```c
#include<stdio.h>
void main()
{
    int N=6;
    int a[N]={2,4,1,6,8,5};
    for(i=0;i<=N,i++)
      printf("%4d",a[i]);
    for(i=0;i<N;i++)
      {
        temp=a[N-i-1];
        a[N-i-1]=a[i];
        a[i]=temp;
      }
    printf("\n");
    for(i=0;i<=N;i++)
      printf("%4d",a[i]);
}
```

2．程序填空题

1）下面程序的功能是：将字符串 s 中的每个字符按升序的规律插入到已排好序的字符串 a 中。请填写完整程序，使程序实现其功能。

```c
#include<stdio.h>
void main()
{
    char a[20]= "cehiknqtw";
    char s[]="fbla";
    int i,k,j;
    for(k=0;s[k]!= '\0';_____)
    {
        j=0;
        while(s[k]>=a[j]&&a[j]!= '\0') j++;
        for(_____)
        _____;
        a[j]=s[k];
    }
    puts(a);
}
```

2）下面程序的功能是：求 3 个字符串（每个不超过 20 个元素）中的最大者。请填写完整程序，使程序实现其功能。

```c
#include<string.h>
#include<stdio.h>
```

116

```
void main()
{
    char string[20],str[3][20];
    int i;
    for (i=0;i<3;i++)
        gets(str[i]);
    if (_____) strcpy(string,str[0]);
      else strcpy(string,str[1]);
    if (_____) strcpy(string,str[2]);
    puts(string);
}
```

3．编程题

1）求出矩阵 x 的上三角元素之积。其中矩阵 x 的行列数和元素值均由键盘输入。

2）定义一个含有 20 个整型元素的数组，按顺序分别赋予从 2 开始的偶数；然后按顺序每 5 个数求出一个平均值，放在另一个数组中并输出。

5.6 习题

一、选择题

1．若有以下的数组定义：

```
char a[ ]="abcde";
char b[ ]={'a','b','c','d','e'};
```

则正确的描述是：（   ）。

    A．a 数组和 b 数组长度相同

    B．a 数组长度大于 b 数组长度

    C．a 数组长度小于 b 数组长度

    D．两个数组中存放相同的内容

2．能正确进行数组初始化的语句是：（   ）。

    A．int a[2][ ]={{1,1,2}, {3,3,6}};

    B．int a[ ][3]={6,5,4,3,2,1};

    C．int a[3][4]={{l,l,1}, {2,2,2},{3,3,3},{4,4,4}};

    D．int a[3,3]={{2},{3},{5}}：

3．若有定义：char s1[30],s2[40];则以下叙述正确的是：（   ）。

    A．scanf("%s%s",&s1,&s2);

    B．gets(&sl,&s2);

    C．scanf("%s%s",s1,s2);

    D．gets("%s%s",s1,s2);

4．若有定义：char str1[30],str2[30];则输出较大字符串的正确语句是：（   ）。

    A．if(strcmp(strl,str2))   printf("%s",strl);

    B．if(strl>str2)   printf("%s",strl);

C．if(strcmp(str1,str2)>0)　printf("%s",str1);

D．if(strcmp(str1)>strcmp(str2)) printf("%s",str1);

5．以下能正确定义字符串的语句是（　　　）。

A．char c[]={'\062'};　　　　　　　B．char c="Hello!";

C．char c=";　　　　　　　　　　D．char c[]='a';

6．以下数组定义中错误的是（　　　）。

A．int a[][3]={0};

B．int a[2][3]={{1,2},{3,4},{5,6}};

C．int a[][3]={{1,2,3},{4,5,6}};

D．int a[2][3]={1,2,3,4,5,6};

7．若要求从键盘读入含有空格字符的字符串，应使用函数（　　　）。

A．getc()　　　　B．gets()　　　　C．getchar()　　　　D．scanf()

8．有以下程序

```
main()
{int i,t[][3]={1,2,3,4,5,6,7,8,9};
    for (i=0;i<3;i++) printf("%d",t[2-i][i]);
}
```

程序执行后的输出结果是（　　　）。

A．753　　　　　B．357　　　　　C．369　　　　　D．951

9．若有定义语句：int a[3][6];按在内存中的存放顺序，a 数组的第 10 个元素是（　　　）。

A．a[0][4]　　　B．a[1][3]　　　C．a[0][3]　　　D．a[2][5]

10．当执行以下程序时，如果输入 ABC，则输出结果是（　　　）。

```
#include<stdio.h>
#include<string.h>
void main()
{   char ss[10]="1,2,3,4,5";
    gets(ss);
    strcat(ss,"6789");
    printf("%s",ss);
}
```

A．ABC6789　　B．ABC67　　C．12345ABC6　D．ABC4567889

二、填空题

1．在 C 语言中，二维数组元素在内存中的存放顺序是_____。

2．以下程序中有错误的语句是_____。

```
#define M 12
void main()
{
    int i;
    int a[M]={4,3,2,1,5,9,8,8};          /*   (1)   */
    for(i=1;i<=M;i++)                    /*   (2)   */
    printf("%d",a[i]);                   /*   (3)   */
```

}

3．二维数组中元素[1][2]的值是_____。

    int[4][5]={{2,2,4},{4,6,5,6},{0}};

4．在数组定义格式中，方括号中的元素个数只能是_____量。

5．判断字符串 a 和 b 是否相等，应当使用_____。

6．若有定义：double a[2][6];则 a 数组中行下标的下限为_____，列下标的上限为_____。

7．假定 int 类型变量占用两个字节，有如下定义：int b[8]={0,1,2,3,4,5};则数组 b 在内存中所占的字节数是_____。

8．若有定义：char p[20]={'a','b','c','d'},r[]="xyz";则执行语句 strcat(p,r);printf("%s\n",p);后的输出结果是_____。

9．若有定义：char a[]={'\1','\2','\3','\4','\0'};则执行语句 printf("%d,%d\n",sizeof(a),strlen(a));后的输出结果是_____。

10．以下程序的输出结果是_____。

```
void main()
{
    char b[]="Hello you";
    b[5]='\0';
    printf("%s\n",b);
}
```

三、读程序，写结果

1．
```
#include<stdio.h>
void main()
{
    char    s[6];
    int i=0;
    for(   ;i<6;s[i]=getchar(),i++);
    for(i=0;i<6;putchar(s[i]),i++);
}
```

在运行时分别输入：

    m<回车>
    n<回车>
    your<回车>

2．
```
#include<stdio.h>
void main()
{
    int i,a[20];
    a[0]=a[1]=1;
    for(i=2;i<20;i++)
        a[i]=a[i-2]+a[i-1];
    for(i=0;i<20;i++)
```

```
            {
                if(i%5==0)
                    printf("\n");
                printf("%6d",a[i]);
            }
        }
```

3.
```
    #include "string.h"
    #include "stdio.h"
    void main()
    {
        char ch[]="abc",x[3][4];
        int i;
        for (i=0;i<3;i++) strcpy(x[i],ch);
        for (i=0;i<3;i++) puts(&x[i][i]);
    }
```

4.
```
    #include<stdio.h>
    void main()
    {
        int aa[4][4]={{1,2,3,4},{5,6,7,8},{3,9,10,2},{4,2,9,6}};
        int i,s=0;
        for (i=0;i<4;i++) s=s+aa[i][1];
        printf("%d\n",s);
    }
```

5.
```
    #include<stdio.h>
    void main()
    {
        char s[ ]="morning",t;
        int i,j=0;
        for(i=1;i<7;i++)
            if(s[j]<s[i])
                j=i;
        t=s[j];
        s[j]=s[7];
        s[7]=s[j];
        puts(s);
    }
```

四、编程题

1．从键盘输入 20 个整数，存放在数组中，找出其中最大数并指出其所在的位置。

2．从键盘输入一个字符串放在字符数组 a 中，用选择排序法将数组 a 中的有效字符按降序排列。

3．设有一个 3 行 4 列的整型矩阵，编程：从键盘输入矩阵元素的值，输出该矩阵中每行元素的最小值和最大值，并输出它们的位置。

第6章 函　　数

6.1　函数概念

6.1.1　概述

一个 C 程序可通过一个主函数和若干个子函数实现模块化结构。在功能上，由主函数调用其他函数，其他函数也可以互相调用，如图 6-1 所示。

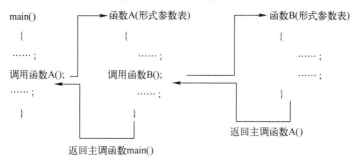

图 6-1　C 程序中的函数调用

图中的程序由主函数 main()、函数 A() 和函数 B() 组成。在主函数中有调用函数 A() 的语句，当执行该语句时，就转去执行函数 A()，而在函数 A() 中又有调用函数 B() 的语句，当执行到该语句时，就转去执行函数 B()，当函数 B() 的语句全部执行完以后，返回函数 A() 中原来调用函数 B() 语句的下一个语句继续执行，直至函数 A() 的语句全部执行完以后，返回主函数中原来调用函数 A() 语句的下一个语句继续执行，直至结束。

C 程序的源文件和函数满足以下关系：
- 一个源程序文件由一个或多个函数组成。C 语言以源文件为单位进行编译，而不是以函数为单位进行编译。
- C 程序的执行从函数 main() 开始，如果在函数 main() 中调用了其他函数，在调用结束后，流程必须回到主函数，最后在函数 main() 中结束整个程序的运行。
- 所有的函数都是平行的，函数之间只有调用关系，一个函数并不从属于另一函数。

6.1.2　函数的分类

1. 库函数和用户自定义的函数

从用户使用的角度看，C 语言中的函数可分为库函数和用户自定义的函数两大类。其中，库函数也叫标准函数，这是由系统提供，用户可直接调用的函数。如前几章所涉及的printf() 函数、scanf() 函数、sqrt() 函数、pow() 函数、strcmp() 函数等都是 C 语言提供的标准函数。用户只要在源程序中使用"#include"命令将它们相应的头文件包含进来，就可以在程序中直接调用这些函数。C 语言提供了大量的标准函数，读者在需要时可参阅书后的附录D。用户自定义的函数就是用户根据需要，自行设计的函数。本章主要介绍用户自定义函数的设计和调用。

2．无参函数和有参函数

从函数的形式看，可以将函数分为无参函数和有参函数。而函数的参数，其实就是被调用的函数运行时，由主调函数提供的数据。如果被调用的函数运行时，不需要由主调函数提供数据，则称之为无参函数，否则就称为有参函数。

【例 6-1】 无参函数的例子。

```
1:    #include<stdio.h>
2:    #include<string.h>
3:    void output()
4:        {   char c[10];
5:            printf("Please Input A Word:   ");
6:            scanf("%s",c);
7:            printf("%s\n",strupr(c));
8:        }
9:    void main()
10:       {
11:           int i;
12:           for(i=0;i<3;i++)
13:               output();
14:           printf("THE END\n");
15:       }
```

📝 **程序说明：**

第 1～8 行：用户自定义函数 output()，当调用时，要求从键盘输入一个英文单词，然后将其中的小写字母转换成大写字母后输出。由于函数 output()在运行时不需要主调函数向它提供数据，所以是无参函数。

第 9～15 行：主函数 main()，第 12～13 行是一个循环语句，执行时，三次调用函数output()。

【例 6-2】 有参函数的例子。

```
1:    #include<stdio.h>
2:    int max(int x，int y)
3:    {
4:        return(x>y? x:y);
5:    }
6:    void main()
7:    {   int a,b,c;
8:        printf("Please Input two integers:\n");
9:        scanf("%d,%d",&a,&b);
10:       printf("Max is %d", max(a,b));
11:    }
```

程序说明:

第 1~4 行: 用户自定义函数 max(), 其功能是找出变量 x 和 y 中较大的一个, 然后把结果通过 return 语句返回给主调函数。在调用时, 主调函数必须将具体要比较的两个数据提供给函数 max(), 所以 max()是有参函数。称 max()函数中的 x 和 y 为形式参数, 简称为形参; 而称主调函数在调用 max()函数时提供的数据为实际参数, 简称为实参。第 1 行中的 int 用于说明函数调用后的返回值是整型的。

第 5~11 行: 主函数 main(), 第 10 行的语句调用 max()函数, 同时将变量 a 和 b 的值作为实际参数提供给函数 max(), 具体地说, 就是把实参 a 的值传递给形参 x, 把实参 b 的值传递给形参 y。调用后的结果通过 return 语句返回给主调函数。

6.2 函数的定义

函数必须遵循"定义在先、使用在后"的原则。函数定义的一般格式:

类型说明符 函数名(类型说明符 形参变量 1, 类型说明符 形参变量 2, …)
{
语句部分
}

称格式中的"类型说明符 函数名(类型说明符 形式参数 1, 类型说明符 形式参数 2, …)"为函数首部。称括号中的内容为形式参数表, 简称为形参表。形参表给出了每个形参变量的类型和变量名。没有形参表的函数称为无参函数, 有形参表的函数称为有参函数。

格式中, 函数名由用户确定, 但必须遵循与定义变量名相同的规则。函数名前面的类型说明符用以指出函数调用后, 返回结果的数据类型, 称为函数类型, 在缺省的情况下, 默认的函数类型为 int 型。

在例 6-1 中的函数 output()为无参函数, 而且在调用后没有返回值。在这种情况下, C 语言规定应当将函数类型说明为 void 型(空值类型), 即在 output()前面须加上 void。

在例 6-2 中的函数 max(int x, int y), 形参表 int x, int y 说明有两个整型的形参变量 x 和 y, 所以是有参函数。

6.3 函数参数和函数的值

6.3.1 形式参数和实际参数

函数调用时, 要注意形式参数和实际参数具有的特点和关系:
● 在定义函数时指定的形参变量, 只有在函数被调用时才被分配内存单元。在调用结束后, 形参所占的内存单元也随即被释放。

例如, 将例 6-2 改为:

```
1:      #include<stdio.h>
2:      int max(int x, int y)
```

```
3:          {
4:              return(x>y? x:y);
5:          }
6:      void main()
7:          { int a,b,c;
8:              printf("Please Input two integers:\n");
9:              scanf("%d,%d",&a,&b);
10:             printf("Max is %d", max(a,b));
11:             printf("x= %d, y=%d", x,y);
12:         }
```

其中，第 11 行的语句是无法执行的，因为在结束了对函数 max()的调用以后，形参变量 x 和 y 所占用的存储单元已被释放，在主函数中，变量 x 和 y 没有定义，是无意义的。

● 形参只能是变量，而实参必须是具有确定值的表达式。

例如，在定义了例 6-2 中的函数 max()后，在主函数中，下列对 max()的调用都是合法的：

```
void main()
  {
      int a,b,c;
      scanf("%d,%d",&a,&b);          /* 执行该语句后，变量 a、b 均已有了确定的值 */
      c=max(10,a+b);                 /* 调用函数 max()时的实参为常量 10 和表达式 a+b */
      printf("MAX=%d",max(a-b,a*b)); /* 调用函数 max()时的实参为表达式 a-b 和 a*b */
  }
```

● 调用函数时实参与形参的个数、类型和先后顺序应当保持一致。

【例 6-3】 实参与形参的个数、类型和先后顺序对函数调用的影响。

```
1:  #include<stdio.h>
2:  int add(char x,int y)
3:  {
4:      return(x+y);
5:  }
6:   void main()
7:  {
8:      char a;
9:      int i;
10:     printf("Please Input An Integer Number and a character");
11:     scanf("%d,%c",&i,&a);
12:     printf("The first result is %d\n",add(a,i));
13:     printf("The second result is %d\n",add(i,a));
14:  }
```

🖉 程序说明：

第 2～5 行：定义函数 add()，该函数有两个形参，第 1 个形参是字符型变量 x，第 2 个形参是整型变量 y，第 4 行的语句是将 x+y 的结果返回主调函数。

第 6～14 行：主函数 main()，第 12 行的语句用以输出调用函数 add()的结果，调用时，第 1 个实参是字符型变量 a, 第 2 个实参是整型变量 i, 符合 "实参与形参的个数、类型和先后顺序应当一致" 的规定。而第 13 行的语句也是用以输出调用函数 add() 的结果, 调用时, 第 1 个实参是整型变量 i, 第 2 个实参是字符型变量 a, 不符合上述规定。

♪ 运行结果:

输入: 300, a <回车>

显示: The first result is 397

The second result is 141

分析: 因为字符 'a' 的 ASCII 代码值是 97, 所以第 1 个输出的结果是正确的。在第 2 次调用函数 add() 时, 第 1 个实参变量 i 的值 300 被传递给函数 add() 的第一个形参变量 x, 而 x 作为字符型变量, 其 ASCII 代码值的范围只能是 0~255, 实参变量传递给 x 的值已经超出其正常范围, 于是出现错误。

6.3.2 函数的返回值

函数的返回值就是通过函数调用, 主调函数从被调用函数中的 return 语句获得的一个确定的值。

return 语句的一般格式:

return(表达式); 或 return 表达式;

return 语句中表达式的值就是被返回的值。在使用 return 语句时, 须注意:

● 一个函数中可以包含一个以上的 return 语句, 但一旦执行到其中任意一个 return 语句, 就结束该函数的调用。所以, 每次调用函数时, 只能通过 return 语句返回一个值。

例如下面的函数企图实现同时返回 x+y 与 x*y 的结果:

```
int f(int x,int y)
  {
    return(x+y);
    return(x*y);
  }
```

这实际上是不可能的, 因为执行了第 1 个 return 语句后, 函数调用就结束了, 第 2 个 return 语句永远也不会被执行。

若希望一次调用函数以后, 获得多个结果, 须另想办法。

● 如果不需要从被调用函数带回函数值, 可以不要 return 语句。对于此类函数应当用 "void" 将其定义为 "空值类型"。

● 在函数定义中, 函数类型应该和 return 语句中表达式的类型一致。如果它们的类型不一致, 则以函数类型为准, 由函数类型决定返回值的类型。

例如, 将例 6-2 中的函数 max() 定义改为:

```
float max(int x,int y)
  {
    return(x>y? x:y);
```

}

这时，尽管表达式 x>y? x: y 的结果是 int 型的，但由于函数 max()是 float 型，所以返回的值将是 float 型。

6.4 函数的调用

6.4.1 函数调用的一般形式

在 C 程序中，通过函数名调用函数。格式为：

函数名(实参表列)

如果是调用无参函数，则实参表列可以没有，但括弧不能省略。实参表列各参数间用逗号隔开。实参与形参的个数、类型与顺序应保持一致，以保证实参与形参之间能正确地实现参数传递。

【例 6-4】 输入半径，输出相应的圆面积和相应的球的体积。

```
1:    #include<stdio.h>
2:    float f (float r1)
3:        {
4:        return(3.1415926*r1*r1);
5:        }
6:    void main()
7:    {  float r;
8:        printf("Please input radius\n");
9:        scanf("%f",&r);
10:       printf("Area=%f\n", f(r));
11:       printf("Volume=%f\n",f(r)*4.0/3*r);

12:       }
```

📝 程序说明：

第 2~4 行：定义函数 f()，用以计算 πr_1^2，其中 r1 为形参变量。第 4 行是一个 return 语句，执行时先计算表达式 $3.1415926*r_1*r_1$ 的值，再将结果返回给主调函数，调用时，实参 r 将值传递给形参 r_1。

第 6~12 行：主函数 main()，其中第 10 行的语句将调用函数 f()后的结果输出。第 11 行的语句通过调用函数 f()计算出 3.1415926*r*r，再乘以 4.0/3*r 得到球的体积。在该语句中，函数的返回值参与表达式的运算。称这种表达式为函数表达式。显然，只有带返回值的函数才能参与表达式的运算。

【例 6-5】 编程输出由"*"组成的三角形。

```
      *
     ***
    *****
   *******
  *********
```

本例在前面叙述过的例子中是通过两重循环来实现的，现在通过函数调用，实现同样的功能。读者将发现，在程序结构上，后者显得更为清晰，这就是模块化结构的特点。

程序如下：

```
1:    #include<stdio.h>
2:    void pr(int n)
3:       {  int j;
4:          for(j=0;j<n;j++)
5:             printf("*");
6:          printf("\n");
7:       }
8:    void main()
9:       {
10:        int i;
11:        for(i=1;i<=5;i++)
12:           pr(2*i-1);
13:       }
```

📝 程序说明：

第 2～7 行：定义函数 pr()，用以在一行输出若干个 "*" 字符（字符个数由形参变量 n 控制），然后将光标移到下一行的起始处。

第 8～13 行：主函数 main()，第 11～12 行为循环语句，反复 5 次调用函数 pr()，每调用一次就输出一行 "*" 字符，字符个数由实参传递给形参，这里实参的值由表达式 2*i-1 确定。第 12 行实现函数调用，称这样的语句为函数调用语句。

6.4.2　函数声明

细心的读者可能已经发现，上面的各例无一例外地把函数定义在主函数之前。这是因为函数的定义应当出现在它被调用之前。如果一个源程序包含了多个函数，而函数间又有相互调用，那将会形成一种复杂的局面，使"定义在前、使用在后"的原则难以实现。为此，C语言通过函数声明语句解决这个问题。

函数声明语句的一般格式：

类型说明符　函数名(类型说明符 形参变量 1，类型说明符 形参变量 2，…);

从形式上看，函数声明语句就是在函数定义首部括号后面加个分号，且去掉了函数体。通常，将函数声明语句放在源文件的开始部分。函数声明中的形参变量名可以省略，但形参类型说明符不能省。

例如：函数声明　int f(int x,int y,float z);

与　　　　　　　int f(int,int,float); 是等价的。

使用函数声明语句后，例 6-5 可以改写为：

```
1:    #include<stdio.h>
2:    void pr(int n);        /* 函数声明语句*/
3:    void main()
```

```
4:      {   int i;
5:           for(i=1;i<=5;i++)
6:               pr(2*i-1);
7:      }
8:      void pr(int n)
9:      {
10:          int j ;
11:          for(j=0;j<n;j++)
12:              printf("*");
13:          printf("\n");
14:      }
```

☞ 注意：

函数声明是语句，所以最后的结束符 “；” 不可缺少。使用函数声明后，可以将函数 pr() 的定义放在主调函数的后面。

6.4.3　函数调用中的值传递和地址传递

1. 值传递

所谓值传递就是在调用函数时，给形参变量分配存储单元，并将实参的值传递给对应的形参变量。在执行函数的过程中，对形参变量进行处理，调用结束后，形参变量所占用的内存单元被释放。由于实参变量并不参与函数的执行过程，所以无法通过调用函数来改变实参变量的值。

【例 6-6】　试分析下面的程序，从键盘依次输入两个不同的整数，判断其输出。

```
1:      #include<stdio.h>
2:      void swap(int,int);
3:      void main()
4:      { int a,b;
5:          printf("Please Input Two Integers : ");
6:          scanf("%d,%d",&a,&b);
7:          swap(a,b);
8:          printf("a=%d,    b=%d\n",a,b);
9:      }
10:     void swap(int x,int y)
11:     {
12:          int t;
13:          t=x;
14:          x=y;
15:          y=t;
16:          printf("x=%d,   y=%d\n",x,y);
17:     }
```

✍ 程序说明：

第 2 行：对函数 swap() 的声明。

第 3~9 行：主函数 main()。从键盘输入两个整数后，第 7 行调用函数 swap()，第 8 行输出调用函数 swap()以后的 a、b 的值，由于是值传递，实参变量 a、b 本身并未参与函数运算，它们的值和以前一样，并未交换。

第 10～17 行：定义函数 swap()。swap()的功能是交换形参变量 x 和 y 的值，并输出交换以后的结果。主函数 main()的第 7 行调用函数 swap()时，将实参变量 a、b 的值传递给形参变量 x、y，第 16 行输出经过交换的 x、y 的值。

☞ 运行结果：

输入：2，5 <回车>

显示：x=5， y=2

　　　a=2， b=5

☞ 注意：

对于值传递而言，不可能在执行被调函数的过程中改变主调函数的实参变量的值。

2. 地址传递

数组也可以参与函数调用。如果以数组名作为函数调用的参数，那么，由于数组名实际上代表了数组存储的起始地址，所以，在函数调用时，实参把数组存储的起始地址传递给形参，使形参指向实参的存储区域，这就是地址传递。结果，在执行函数的过程中，凡是对形参数组元素的处理实际上就是对实参数组元素的处理。这是地址传递和值传递的本质区别。

【例 6-7】 设计一个函数用以计算一维数组中所有元素值的总和。

```
1:    #include<stdio.h>
2:    #define N 5
3:    int sum(int arr[],int);
4:    void main()
5:      {  int a[N],i;
6:         printf("Please input %d integers:\n",N);
7:         for(i=0;i<N;i++)
8:           scanf("%d",&a[i]);
9:         printf("SUM=%d\n",sum(a,N));
10:     }
11:    int sum(int arr[],int size)
12:      {
13:         int j,s=0;
14:         for(j=0;j<size;j++)
15:           s+=arr[j];
16:         return(s);
17:      }
```

✎ 程序说明：

第 3 行：函数声明。对于作为形参的数组名、连同其后的[]，在函数声明中不可缺省，下面的两种写法是错误的：

　　　int sum(int,int);　 或　 int sum(int arr,int);

第 9 行：调用函数 sum()并将返回的结果输出。调用时，将实参数组名 a 和数组元素个数传递给函数 sum()的形参 arr 和 size，必须注意，作为实参的数组名后面不应有[]。在函数调用过程中，实参数组 a 和形参数组 arr 通过地址传递方式实现参数传递，实际上就使得形参数组 arr 与实参数组 a 共用存储空间；而实参变量 N 和形参变量 size 通过值传递方式实现参数传递。

第 11～17 行：定义函数 sum() 用以计算一维数组中所有元素值的总和。

☞ 注意：

如果将数组作为实参和形参，则应当同时将数组的元素个数也作为实参和形参。

本例主要用于说明在函数调用中，值传递和地址传递的本质区别。值传递是单向的，只能把实参的值传给形参，不能把形参的值传给形参。而地址传递是双向的。

6.4.4　函数的嵌套调用

函数的嵌套调用就是在调用一个函数的过程中又调用另一个函数。

图 6-1 表示了函数嵌套调用的执行过程。在执行函数 main() 过程中碰到调用函数 A() 的语句时，即转去执行函数 A()，在执行函数 A() 过程中碰到调用函数 B() 的语句时，又转去执行函数 B()，函数 B() 执行完毕返回函数 A() 的断点继续执行，函数 A() 执行完毕返回函数 main() 的断点继续执行。

【例 6-8】　编程求 3 个整数中的最大数。

分析：求 3 个整数 x、y、z 中的最大数，可以先求出 x、y 中的大数，然后将其与 z 相比，即可得到 x、y、z 中的最大数。为此，设计两个函数 max2() 和 max3()，前者用于求两数中的大数，后者用于求 3 个整数中的最大数。在函数 max3() 中通过调用函数 max2() 实现上述功能。

程序如下：

```
1:      #include<stdio.h>
2:      max3(int,int,int);
3:      max2(int,int);
4:      void main()
5:      { int x,y,z;
6:        printf("Please Input Three Integers: ");
7:        scanf("%d,%d,%d",&x,&y,&z);
8:        printf("MAX=%d\n",max3(x,y,z));
9:      }
10:     max3(int x1,int y1,int z1)
11:     {
12:       int max;
13:       max=max2(x1,y1);
14:       max=max2(max,z1);
15:       return(max);
16:     }
17:     max2(int x2,int y2)
18:     {
19:       return (x2>y2? x2:y2);
20:     }
```

✍ 程序说明：

第 2～3 行：函数声明。

第 4～9 行：主函数 main()。第 8 行调用函数 max3() 求 3 个数中的最大数，并输出结果。

第 10～16 行：定义函数 max3()，其中第 13 行调用函数 max2() 求 x 和 y 中的大数并将结果赋给变量 max，第 14 行再次调用函数 max2() 求 max 和 z 中的大数并将结果赋给变量 max，这二行的语句可合并为：max=max2(max2(x,y),z); 。这种调用方式就是函数的嵌套调用。

第 17～20 行：定义函数 max2()。

6.4.5 函数的递归调用

C 语言的特点之一是函数可以递归调用。所谓递归调用是指一个函数在它的函数体内直接或间接地调用该函数自身。当一个问题具有递归关系时，采用递归调用方式可以使程序更简洁。

例如有函数 f() 如下：

```
int f(int x)
    {
        int y;
        z=f(y);
        return z;
    }
```

这个函数就是一个递归函数。但是运行该函数将无休止地调用其自身，这当然是不正确的。为了防止递归调用无终止地进行，必须在函数内有终止递归调用的手段。常用的办法是加条件判断，满足某种条件后就不再作递归调用，然后逐层返回。下面举例说明递归调用的执行过程。

【例 6-9】 用递归方法求 n!

分析：求 n! 可以用递归方法。在数学上，求阶乘的递归公式如下：

$$n! = \begin{cases} 1 & (n = 0,1) \\ n*(n-1)! & (n > 1) \end{cases}$$

程序如下：

```
1:    #include<stdio.h>
2:    long   fac(int n)
3:    {   long f ;
4:            if(n==0||n==1) f=1;
5:            else f=n*fac(n-1);
6:            return (f);
7:    }
8:     void main()
9:    {   int n;
10:           long y;
11:           printf(" Input an integer number:\n ");
12:           scanf("%d",&n);
```

131

```
13:       if(n<0)printf("n<0,Input Error");
14:          else
15:          {   y=fac(n);
16:              printf(" %d!=%ld\n ",n,y);
17:          }
18:     }
```

✍ 程序说明：

第 2~7 行：求 n!的递归函数 fac()。

第 15 行：主函数调用函数 fac()。进入函数 fac()执行后，如果 n = 0 或 n=1 时则输出 f=1，这是函数的递归调用的终止条件，否则就递归调用函数 fac()自身。由于每次递归调用的实参为 n-1，即把 n-1 的值赋给形参 n，最后当 n-1 的值为 1 时再作递归调用，形参 n 的值也为 1，将使递归终止。然后可逐层退回。例如，设执行本程序时输入值为 5，即求 5!。在主函数中的调用语句即为 y=fac(5)，进入函数 fac()后，由于 n=5，不等于 0 或 1，故应执行 f=fac(n-1)*n，即 f=5*fac(5-1)。该语句对函数 fac()作递归调用即 fac(4)。进行 4 次递归调用后，函数 fac()形参取得的值变为 1，故不再继续递归调用而开始逐层返回主调函数。fac(1)的函数返回值为 1，fac(2)的返回值为 2*fac(1)=2*1=2，fac(3)的返回值为 3*fac(2)=3*2=6，fac(4)的返回值为 4*fac(3)=4*6=24，最后返回值 fac(5)为 5*fac(4)= 5*24=120。

🖋 运行结果：

        Input an integer number :

    输入：5 <回车>
    显示：5!=120

6.5 局部变量和全局变量

6.5.1 局部变量

在 C 语言中，根据变量的有效范围将其分为局部变量和全局变量，称变量的有效范围为变量的作用域。在一个函数或复合语句内部定义的变量称为局部变量，它只在本函数或复合语句范围内有效，即只有在本函数或复合语句内部才能使用它们。

例如，某 C 程序源文件由两个函数组成：

```
float f1(int a)
  {
     int b,c;        /*变量 a、b、c 是局部变量，只在函数 f1()内部有效*/
     …;
  }
void main()
  {
     int a,b ;       /*变量 a、b 是局部变量，只在函数 main()内部有效，它们和函数 f1()中所定义的
                       变量 a、b 有着完全不同的作用域，因此不会混淆。*/
```

132

```
        …;
      {
        int c;
        c=a+b;    /*在复合语句内部定义变量 c，c 是局部变量，只在该复合语句内部有效。所以，
                  它和函数 f1()中所定义的变量 c 是不同的变量*/
      …;
      }
        …;
   }
```

【例 6-10】 说明局部变量概念的例子之一。

```
1: #include<stdio.h>
2: void main()
3: {    int i=5,sum1=0,sum2=0;
4:          {
5:            int i=0;
6:            for(;i<=10;i++)
7:                sum1=sum1+i;
8:          }
9:          for(;i<=10;i++)
10:               sum2=sum2+i;
11:          printf("SUM1=%d\n",sum1);
12:          printf("SUM2=%d\n",sum2);
13:}
```

♪ 运行结果：

显示： SUM1=55
      SUM2=45

✎ 程序说明：

第 3 行：定义了在主函数范围内有效的整型变量 i、sum1、sum2 并进行初始化。

第 4～8 行：这是由 3 个语句组成的一个复合语句。其中第 5 行定义了仅在该复合语句内部有效的整型变量 i。尽管该整型变量与在主函数中定义的整型变量 i 重名，C 语言规定，在复合语句内部，主函数中定义的整型变量 i 让位于在复合语句内部定义的整型变量 i。由此可知，执行第 6～7 行的语句用以计算 1+2+3+…+10。

第 9～10 行：当执行这两行的语句时，已经离开了复合语句，所以在复合语句内部定义的整型变量 i 无效，而在主函数中定义的整型变量 i 有效。由此可知，执行第 9～10 行的语句用以计算 5+6+7+8+9+10。

【例 6-11】 说明局部变量概念的例子之二。

可以将例 6-8 中的函数 max2(),max3()作如下修改：

```
10:    max3(int x,int y,int z)
11:    {
12:      int max;
13:      max=max2(x,y);
```

```
14:        max=max2(max,z);
15:        return(max);
16:      }
17:    max2(int x,int y)
18:      {
19:      return (x>y? x:y);
20:      }
```

修改以后，函数 max2()和函数 max3()具有相同的形参变量名 x,y。但由于它们均为局部变量，只在定义它们的函数内部有效，所以实际上，它们代表的是不同的变量。

☞ 注意：

上述两例只是为了说明局部变量的概念，使读者知道，在不同的函数中可以使用相同的变量名。但还是应当尽量避免这种情况，因为这毕竟给阅读和检查程序带来了不便。

6.5.2　全局变量

在函数的外部定义的变量称为全局变量。全局变量可以为源文件中其他函数所共用，它的有效范围从定义变量的位置开始到源文件结束。

例如，某 C 程序源文件由 3 个函数组成：

```
int p＝1,q=5;        /* p,q 为全局变量，以下 3 个函数都可以使用 */
float fl(int a)
  {
      int b,c;
      …… ;            /* 变量 a,b,c 是局部变量，只在 f1()函数内部有效 */
  }
char   c1,c2;        /* c1,c2 是全局变量，以下两个函数可以使用 */
char f2 (int x, int y)
  {
      int i,j;
      …… ;            /* 形参 x, y 和变量 i,j 是局部变量，只在 f2()函数内部有效 */
  }
void main()
  {
      int m,n ;
      …… ;            /* 变量 m, n 是局部变量，只在主函数 main()内部有效 */
  }
```

【例 6-12】　本章例 6-6 曾说明，不能在函数执行的过程中改变实参变量原来的值。但是，如果实参变量是全局变量，结论就不同了。下面是经过修改的例 6-6 的程序。

```
1:    #include<stdio.h>
2:    int a,b;
3:    void swap(int,int);
4:    void main()
5:      {   printf("Please Input Two Integers : ");
6:          scanf("%d,%d",&a,&b);
```

134

```
7:              swap(a,b);
8:              printf("a=%d,  b=%d\n",a,b);
9:         }
10:    void swap(int x,int y)
11:    {
12:     int t;
13:     t=x;
14:     x=y;
15:     y=t;
16:     printf("x=%d,  y=%d\n",x,y);
17:     a=x;
18:     b=y;
19:    }
```

✍ 程序说明：

第 2 行：将原本在主函数 main()内部定义的整型变量 a、b 放到函数外部定义，使它们成为全局变量，在主函数 main()和函数 swap()内部均有效。

第 17～18 行：将经过互换值以后的形参变量 x、y 的值赋给实参变量 a、b，因为变量 a、b 是全局变量，在函数 swap()内部有效，所以这样的赋值操作是有意义的，而且变量 a、b 在主函数 main()内部也有效，所以在对函数 swap()的调用结束，返回主函数时，变量 a、b 的新值被带回主函数 main()。

🎵 运行结果：

输入：2，5 <回车>

显示：x=5， y=2

　　　a=5， b=2

【例 6-13】 设计函数，用以找出 3 个整数中的最大、最小数。

```
1:     int max,min;
2:     void f(int x,int y,int z)
3:     {
4:      if(x>y)
5:       {
6:         max=x;
7:         min=y;
8:       }
9:      else
10:       {
11:         max=y;
12:         min=x;
13:       }
14:      if(z>max)
15:       max=z;
16:      else
17:       if(z<min)
18:        min=z;
```

19:      }

📝 **程序说明：**

第 1 行：定义全局变量 max、min。

第 2 行：由于通过全局变量 max 和 min 直接带出调用函数 f()后获得的最大值和最小值，没有使用 return 语句，所以将函数 f()定义为 void 类型。

☞ **注意：**

尽管全局变量可以帮助实现从函数中同时带出多个结果，但还是建议读者不要轻易使用全局变量，因为：

① 全局变量在程序的全部执行过程中始终占有存储单元，而局部变量是在用到时才为其分配存储单元。

② 多人合作完成的程序通常由多个源文件组成。一旦出现全局变量同名的情况，将引起程序出错。

③ 使用全局变量过多，会降低程序的清晰度，使人难以判断某一时刻各个全局变量的值，因为各个函数在执行时都可以改变全局变量的值。

因此要限制使用全局变量。从函数中同时带出多个结果，更多的是通过使用指针变量来实现。

6.6 动态存储变量与静态存储变量

从前面的讨论可知，根据变量的作用域来划分，可以将其分为全局变量和局部变量。 但如果根据变量所占存储单元的时间来划分，又可将其分为静态存储变量和动态存储变量。

静态存储变量在程序运行过程中一直占有固定的存储单元，直到程序运行结束。而动态存储变量是在程序运行过程中由系统动态地分配和回收存储单元。

以例 6-13 为例：

全局变量 max 和 min 在其定义处由系统为它们分配存储单元，由于 max 和 min 可以被其定义后面的所有函数所使用，所以在整个程序运行结束才被系统收回。因此，全局变量是静态存储变量，在程序运行过程中，它们的存储单元地址是不变的。而在函数 f()中定义的形参变量 x、y 和 z 是局部变量，它们是动态存储变量。只有在调用函数 f()时，系统才为其分配存储单元，一旦调用结束，该存储单元即由系统收回。当再次调用函数 f()时，系统将重新为它们分配存储单元，二次分配的存储单元可能是不同的。因此，局部变量是动态存储变量。

针对两种不同的变量存储方式，C 语言提供 4 种存储类型说明符，用于在定义变量时与类型说明符配合使用：

auto、static、register 和 extern

它们分别对应自动变量、静态变量、寄存器变量和外部变量。

其使用格式：

存储类型说明符 类型说明符 变量名 1, 变量名 2,…;

例如： auto int a,b,c;

static float x;

下面分别介绍这4种存储类型。

1．auto 变量

用存储类型说明符 auto 修饰的局部变量称为自动变量，自动变量是动态存储变量。C 语言规定，在定义局部变量时，如果缺省存储类型说明符，则默认其为 auto 变量。所以在前面所举的各例中，所有的局部变量都是 auto 变量。由于全局变量是静态存储变量，所以在定义全局变量时，不能使用存储类型说明符 auto。

2．用 static 将局部变量定义为静态存储的变量

局部变量是动态存储变量，但是可以用存储类型说明符 static 将其定义为静态存储变量。这样，一旦系统为其分配了存储单元，就一直由该变量占有该存储单元，直到程序运行结束才将其收回。

【例 6-14】 通过将局部变量定义为静态存储变量的方法计算 1!, 2!,···,n!。

```
1:    #include<stdio.h>
2:    long fac(int k)
3:       { static long f=1;
4:        f=f*k;
5:        return f;
6:       }
7:    void main()
8:       {
9:        int i,n;
10:       printf("Please input an integer:\n");
11:       scanf("%d",&n);
12:       for(i=1;i<=n;i++)
13:          printf("%d!=%ld\n",i,fac(i));
14:       }
```

✍ 程序说明：

第 2~6 行：定义求阶乘函数 fac()，其中第 3 行将变量 f 定义为静态存储变量，并使其初始化为 1。仅仅在第一次调用函数 fac()时，才对静态存储变量 f 作初始化，在调用结束时，保留静态存储变量 f 的当前值，在下一次调用函数 fac()时，将上次调用时保留的 f 值作为 f 的初值。

第 7~14 行：主函数 main()，其中的第 12~13 行为循环语句，反复调用函数 fac()并输出调用结果。循环变量 i 在调用函数 fac()时作为实参变量依次取值 1, 2, 3,···, n，并通过值传递将其传递给函数 fac()的形参变量 k。第一次调用时，k 等于 1，于是调用后返回的结果为 1*1，由于 f 是静态存储变量，所以其结果 1*1 被保留，作为下一次调用函数 fac()时，f 的初值。第二次调用时，使 k 等于 2，于是调用返回的结果为 1*2，并且 1*2 被保留，作为下一次调用函数 fac()时 f 的初值。显然，第三次调用时，返回的结果为 1*2*3，并且 1*2*3 被保留，作为下一次调用函数 fac()时 f 的初值。由此可知，在第 i 次调用函数 fac()时，将输出 i!并将其作为下一次调用函数 fac()时静态存储变量 f 的初值。静态存储变量的这个特性是非常重要的。读者应仔细领会。

♪ 运行结果：

输入：5 ＜回车＞

显示： 1! =1

2! =2

3! =6

4! =24

5! =120

3. register 变量

为了减少访问内存变量所需的时间，C 语言允许将局部变量的值放在 CPU 的寄存器中，需要时直接访问寄存器以提高执行效率。由于 CPU 中的寄存器数目较少，所以，register 变量只能是动态存储变量。

实际上，现在的优化编译系统能自动识别使用频繁的变量，并将其存放在寄存器中，不必再由编程人员定义 register 变量。所以在这里对 register 变量不作过多的介绍。

4. 用 extern 声明全局变量

在 C 程序中，可以通过存储类型说明符 extern 扩大全局变量的作用域。

【例 6-15】 存储类型说明符 extern 应用举例。

```
1:     #include<stdio.h>
2:     int max(int x,int y)
3:       {  int z;
4:          z=(x>y)?x:y;
5:          return z;
6:       }
7:     void main()
8:       {
9:          printf( "%d\n" ,max(a,b));
10:      }
11:    int a=13,b=14;
```

✍ 程序说明：

第 9 行：在编译该行语句时会出错，原因是尽管变量 a、b 被定义为全局变量，但根据"全局变量的有效范围从定义变量的位置开始到源文件结束"，a、b 的作用域仅限于第 11 行的语句，在第 9 行的语句中 a、b 是没有定义的变量名。

为此，用存储类型说明符 extern 将上述程序修改为：

```
1:     #include<stdio.h>
2:     int max(int x,int y)
3:       {  int z;
4:          z=(x>y)? x:y;
5:          return z;
6:       }
7:     void main()
8:       {
```

```
9:          extern int a,b;
10:          printf("%d",max(a,b));
11:          }
12:      int a=13,b=14;
```

📝 **程序说明：**

第 9 行：用存储类型说明符 extern 声明全局变量 a、b，从而使它们的作用域扩大为第 9～11 行的所有语句。

通常，一个复杂的应用程序会由多个程序员合作完成，每个人完成自己的功能模块。为了在自己的模块程序中使用他人定义的全局变量，需要将其用存储类型说明符 extern 加以声明，如图 6-2 所示。

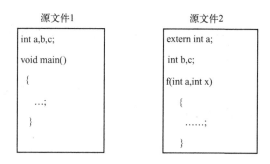

图 6-2　存储类型说明符 extern 的应用

在源文件 1 中定义了全局变量 a、b、c，其作用域为整个源文件 1。在源文件 2 的开始部分用存储类型说明符 extern 声明变量 a，表明源文件 2 中的变量 a 与源文件 1 中的变量 a 是同一个变量。而源文件 2 中的全局变量 b、c 未用 extern 声明，它们的作用域为整个源文件 2，与源文件 1 中的变量 b、c 是不同的变量。

如果不希望源文件 1 的全局变量 a 被其他的源文件中使用，可以在定义全局变量 a 时，在其前面冠以 static，即定义为：

    static int a;

这样，在任何情况下，只有源文件 1 可以使用全局变量 a。

☞ **注意：**

在定义全局变量时前面冠以 static 和定义局部变量时前面冠以 static 的意义完全不同，请读者注意它们的区别。

6.7　内部函数和外部函数

因为不能在函数内部定义另一个函数，所以 C 程序中的函数都是全局的。根据函数能否被其他源文件调用，将函数区分为内部函数和外部函数。

6.7.1　内部函数

如果一个函数只能被本源文件中的其他函数所调用，称其为内部函数。在定义内部函数时，在类型说明符前面加 static，即：

> static 类型说明符 函数名(形参表)

比如：

> static int f (int a, int b)

这样，如果在别的源文件中要调用这里的函数 f()，则被认为是非法的。

使用内部函数，可以使函数只局限于所在文件，如果在不同的文件中有同名的内部函数，则彼此互不干扰。

6.7.2 外部函数

在定义函数时，如果冠以关键字 extern，则表示此函数是外部函数，例如：

> extern int f(a, b);

这时，函数 f()可以被其他源文件调用，如果在定义函数时省略 extern，则默认为外部函数。本书前面例题中所定义的函数都是外部函数。

6.8 典型例题分析

【例 6-16】 下列函数值的类型是（   ）。

```
func(float a)
    {
        float b;
        b=2*a+1;
        return b;
    }
```

  A．int   B．不确定 C．void D．float

解析：

本题考查函数类型与返回值的类型。

本题在函数定义时没有说明其函数类型，则 C 语言默认其函数类型为整型。当被调用函数返回值的数据类型和函数类型不一致时，系统自动转换为函数类型返回，所以本题返回值 b 虽然是 float 型，但最后转换为 int 型返回。本题的正确答案为 A。

【例 6-17】 函数调用例。

```
#include<stdio.h>
void main()
    {
        int a=2,b=6,c=0,d=3,big;
        int max(int,int);                    /*函数声明语句*/
        big=max (max (a,b),max (c,d));
        printf("big=%d\n",big);
```

```
    }
    int max(int x,int y)
        {
            return x>y ? x:y;
        }
```

解析：

该题涉及函数的嵌套调用及函数的调用原则。函数必须"先定义，后调用"，但若出现调用在先，函数定义在后的情况，则在调用以前必须给出函数声明语句。如例中第 5 行"int max(int,int);"语句就是一个函数声明语句。因为函数定义在函数调用之后，因此函数声明语句不可少，注意：函数声明语句作为语句，其末尾的"；"不能漏。第 6 行"big=max (max (a,b),max (c,d))；"是函数的嵌套调用。

该程序的功能是求 4 个数的最大值并输出。函数 max()的功能是求出两个数的最大值。

【例 6-18】 读程序，写结果。

```
#include<stdio.h>
void main()
{
    int a=40,b=4,c=6;
    a++; c+=b;
    {   int b=8,c;
        c=4*b;
        a-=c;
        printf("%d,%d,%d,",a,b,c);
    }
    printf("%d,%d,%d\n",a,b,c);
}
```

解析：

本例要求理解有关变量作用域的概念。

在函数 main()开始部分定义了 3 个局部变量 a、b 和 c，它们的作用域是整个函数；在复合语句中又定义了两个局部变量 b 和 c，它们的作用域是该复合语句。尽管两次定义的局部变量的名字相同，但在内存中它们分别占用不同的存储单元。

在进入复合语句前，a=41，b=4，c=10；进入复合语句后，复合语句中的 b=8，c=4*8=32，同时 a=a-c=41-32=9；出了复合语句后，复合语句中的 b、c 存储单元被释放，因此它们中的数据也就不复存在。变量 b 和 c 仍是函数 main()定义的 b、c 存储单元，它们的值仍是 4 和 10。而变量 a 则取在复合语句中得到的值 9。

注意：第 1 个 printf 语句执行后没有换行且格式控制符间的逗号应按照原样输出。因此，该程序的运行结果为：

9，8，32，9，4，10

【例 6-19】 写出以下程序的运行结果。

```
#include<stdio.h>
```

```
    void f()                       /*这是一个无参函数*/
    {    static int a[3]={2,4,6};
         int i;
         for(i=0;i<3;i++)
            a[i]+=a[i];
         for(i=0;i<3;i++)
            printf("%d,",a[i]);
         printf("\n");
    }
    void main()
    {
       f();
       f();
    }
```

解析：

本题要求理解静态局部变量的概念。所谓静态局部变量是指用关键字 static 声明的局部变量，它们在程序的整个运行阶段始终占据所分配的内存单元，因此结束函数调用后，相应的值仍旧被保留。若在定义静态变量时未给其赋初值，则系统自动为其赋初值 0。

函数 main()中两次调用函数 f()。第一次调用时，a 数组的初值为 a[0]=2，a[1]=4，a[2]=6；运算后 a 数组的值为 a[0]=4，a[1]=8，a[2]=12。由于在结束函数调用后静态局部变量所占的存储单元并不释放，因此，它们的值仍保留。

因为静态变量是在编译时赋初值，因此赋初值的操作只进行一次。所以，在第 2 次调用时，a 数组中各元素仍保持上一次结束函数调用时的值，为 4、8、12。运算后的值为 8、16、24。

程序的运行结果为（注意输出格式中的逗号）：

```
    4，8，12，
    8，16，24，
```

【例 6-20】 设计一个函数，求班级同学成绩的最高分。在主函数中输入两个班级的学生成绩，两个班级的人数分别为 40 和 35。要求调用函数 max()求出每个班级的最高分，并分别输出。

```
    #include <stdio.h>
    #define M 40                         /* 符号常量定义班级人数，方便测试 */
    #define N 35
    void main()
    {    int i;
         float score1[M],score2[N];
         float max(float arr[],int n);        /* 函数声明语句 */
         printf("Please Input %d scores:",M);
         for(i=0;i<M;i++)                      /* 输入一个班级的学生成绩 */
         scanf("%f",&score1[i]);
         printf("Please Input %d scores:",N);
```

```
        for(i=0;i<N;i++)                        /* 输入另一个班级的学生成绩 */
          scanf("%f",&score2[i]);
        printf("The max of class A is %.2f\n",max(score1,M));
        printf("The max of class B is %.2f\n",max(score2,N));
      }
  float max(float arr[],int n)                  /* 定义 max()，求最高分 */
  {    int i;
       float max;
       max=arr[0];
       for(i=1;i<n;i++)
         if(max<arr[i])
            max=arr[i];
       return(max);
  }
```

解析：

程序中函数 max()用来求最高分。用数组名作函数参数，实参与形参共用存储空间。数组中存放由主函数输入的不同班级学生成绩，每个班级的人数也作为参数传递，保证了不同班级不同人数可以调用同一个函数。

6.9 实验 7 函数程序设计

一、实验目的与要求

1）掌握 C 语言函数的定义方法。

2）掌握形式参数与实际参数之间的对应关系。

3）熟悉函数调用时，形参、实参之间的"值传递"和"地址传递"的区别。

4）掌握函数嵌套调用的方法。

5）掌握全局变量和局部变量、动态变量和静态变量的概念及使用方法。

二、实验内容

1．改错题

1）下列程序的功能为：函数 prime 判断一个不小于 3 的整数是否为素数，若是素数，返回 1，否则返回 0，主程序调用该函数并输出素数。请纠正程序中存在的错误，使程序实现其功能。

```
#include <stdio.h>
#include<math.h>
int prime(int x)
{       int i;
        for (i=2;i<=x/2;i++)
            if (x%i!=0)
                return 0;
            else return 1;
}
void main()
```

```
        {   int m;
            while(1)
            {
                printf("m="); scanf("%d",m);
                    if(m<3) { printf("The End.\n");continue;}
                    if(prime(m)) printf("%d is prime.\n",m);
                    else printf("%d is not prime.\n",m);
            }
        }
```

2）下列程序的功能为：输入 N 个-100～100 之间的整数，输入数据不对则重输，并计算其中的正整数之和，请纠正程序中存在的错误，使程序实现其功能。

```
        #include<stdio.h>
        #define N 10
        int sum(int x[],int n)
            {
                int i=0,s=0;
                while (i<=n)
                {
                    if (x[i]>0) s=s+x[i]; i++;
                }
                    return s;
            }
        void main()
            {
                int i=0,s,a[N],flag=1;
                do
                {
                printf("Enter %d numbers (-100<=n<=100) \n",i+1);
                scanf("%d",&a[i]);
                while(flag)
                {
                    if((-100<=a[i])&&(a[i]<=100)) flag=1;
                    else
                        { printf("data wrong! again input...\n");
                            printf("%d\n", a[i]);
                            scanf("%d",&a[i]);
                        }
                }
                i++;
                } while (i<N);
            s=sum(a,N);
            printf(" sum=%d\n",s);
            }
```

2．程序填空题

1）下面程序的功能是：输出如下图形。请填写完整程序，使程序实现其功能。

```
                          *
                         ***
                        *****
                       *******
                        *****
                         ***
                          *
#include<stdio.h>
void a(int i)
{   int j,k;
      for(j=0;j<=7-i;j++)_____;
      for(k=0;k<_____;k++)_____;
      printf("\n");
}
void main()
  {
       int i;
       for(i=0;i<3;i++)_____;
       for(i=3;i>=0;i--)_____;
  }
```

2）下面程序的功能是：求一个 3×4 二维数组中的最大元素。请填写完整程序，使程序实现其功能。

```
#include<stdio.h>
void max_value(int m,int n,int array[][4])
{
       int i,j,max;
       max=array[0][0];
       for(i=0;i<m;i++)
       for(j=0;j<n;j++)
           if(_____) max=array[i][j];
           _____
}
void main()
{       int a[][4]={{1,31,4,5},{6,17,88,9},{23,12,34,33}};
        printf("max value is %d\n",);
}
```

3．编程题

1）编写一个函数，将一个给定的二维数组（3×3）转置，即行列互换。

2）设计一个函数，用以计算下面数列前 n 项之和（以 n 为形参变量）。

$$\frac{2}{1},\frac{3}{2},\frac{5}{3},\frac{8}{5},\frac{13}{8},\frac{21}{13},\cdots$$

6.10 习题

一、选择题

1．若用数组名作为函数调用时的实参，则实际上传递给形参的是（　　）。
 A．数组首地址 　　　　　　　B．数组的第一个元素值
 C．数组中全部元素的值 　　　D．数组元素的个数

2．以下不正确的说法为（　　）。
 A．在不同的函数中可以使用相同名字的变量
 B．形式参数是局部变量
 C．在函数内定义的变量只在本函数范围内有效
 D．在函数内的复合语句中定义的变量在本函数范围内有效

3．以下正确的函数首部是（　　）。
 A．float swap(int x,y)
 B．int max(int a,int b)
 C．char scmp(char c1,char c2);
 D．double sum(float x;float y)

4．以下对 C 语言函数的有关描述中，正确的是（　　）。
 A．调用函数时，只能把实参的值传送给形参，形参的值不能传送给实参
 B．函数既可以嵌套定义又可以递归调用
 C．函数必须有返回值，否则不能使用函数
 D．程序中有调用关系的所有函数必须放在同一个源程序文件中

5．设函数 func 的定义形式为：

 void func(char ch, float x)　 {…}

则以下对函数 func 的调用语句中，正确的是（　　）。
 A．func("abc",3.0) 　　　　　B．t=func('A',10.5)
 C．func('65',10.5) 　　　　　D．func(65,65)

6．在一个文件中定义的全局变量的作用域为（　　）。
 A．本程序的全部范围
 B．离定义该变量的位置最近的函数
 C．函数内全部范围
 D．定义该变量的位置开始到本文件结束

7．下面函数调用 f 语句含有实参的个数为（　　）。

 f(f1(al,a2),(a3,a4),a5=x+y);
 A．1 　　　　B．2 　　　　C．3 　　　　D．5

8．若已定义的函数有返回值，则以下关于该函数调用的叙述错误的是（　　）。
 A．函数调用可以作为独立的语句存在
 B．函数调用可以出现在表达式中

C．函数调用可以作为一个函数的实参

D．函数调用可以作为一个函数的形参

9．在函数调用过程中，如果函数 funa()调用了函数 funb()，函数 funb()又调用了函数 funa()，则称为（   ）。

    A．函数的直接递归调用   B．函数的间接递归调用

    C．函数的循环调用   D．C 语言中不允许这样的调用

10．凡是函数中未指定存储类别的局部变量，其隐含的存储类别为（   ）。

    A．自动（auto）   B．静态（static）

    C．外部（extern）   D．寄存器（register）

二、填空题

1．在 C 语言中，不能被调用的函数是_____函数。

2．C 语言规定，可执行程序的开始执行点是编程中的_____函数。

3．在 C 语言中，一个函数一般由函数首部和_____两个部分组成。

4．使用函数声明的目的是_____。

5．C 语言允许函数值类型使用默认定义，此时该函数值隐含的类型是_____。

6．C 语言规定，调用一个函数时，实参变量和形参变量之间的数据传递是_____。

7．函数中的形参和调用时的实参都是数组名时，传递方式为_____；都是变量时，传递方式为_____。

8．若自定义函数要求返回一个值，则应在该函数体中有一条_____语句，若自定义函数要求不返回一个值，则应在该函数说明时加一个类型符。

9．下面 f 函数的功能是求两个参数的差,并将结果返回调用函数。函数中错误的部分是_____，应改为_____。

```
void f (float a,float b)
{
    float c;
    c=a-b;
    return c;
}
```

10．如果要限制一个变量只能被本源文件中的函数使用，必须通过来_____实现。

三、读程序，写结果

```
1.  #include <stdio.h>
    void main()
    {
        int fun( int y );
        int x;
        for(x=1;x<=5;x++)
         printf("%d    ", fun( x ) );
    }
    int fun( int y )
        {
```

```
            return 2*y;
        }

2. #include <stdio.h>
   void f()
   {
        int a=5;
        static b=6;
        a--;
        b--;
        printf("a=%d,b=%d\n",a,b);
   }
   void main()
        {
            f();
            f();
        }

3. #include <stdio.h>
   void fun(int, int);
   void main()
   {
        int i=6,x=8,j=12;
        fun(j,6);
        printf("i=%d;j=%d;x=%d\n",i,j,x);
   }
   void fun(int i,int j)
   {
        int x=16;
        printf("i=%d;j=%d;x=%d\n",i,j,x);
   }

4. #include <stdio.h>
   int f(int d[],int m)
   {
    int j,s=1;
    for(j=0;j<m;j++)
      s=s*d[j];
    return s;
   }
   void main()
   {
    int a,z[]={2,4,6,8,10};
    a=f(z,3);
    printf( "a=%d\n" ,a);
   }
```

5.
```c
#include<stdio.h>
int func(int a,int b)
    {   static int m=1,i=2;
        i+=m+1;
        m=i+a+b;
        return(m);
    }
void main()
    { int k=3,m=1,p;
     p=func(k,m);
     printf("%d,",p);
     p=func(k,m);
     printf("%d\n",p);
    }
```

四、编程题

1．设计函数 func()，用于返回正整数 n（1≤n≤999）各位数字之和。

2．编写一个函数，由实参传来一个字符串，统计此字符串中字母、数字、空格和其他字符的个数，在主函数中输入字符串并输出统计结果。

3．从键盘输入 10 个学生的成绩，计算总成绩并统计成绩不及格的学生人数，要求用一维数组做函数参数，在主函数中实现输出总成绩及不及格的学生人数。

第7章 指　　针

7.1　指针和指针变量的概念

7.1.1　指针的概念

指针是 C 语言的精华，利用指针可以方便地使用数组和字符串，可以灵活地实现函数调用时的数据传递。使用指针可以提高程序的执行效率。

变量名其实是给变量数据存储区域所取的名字。计算机内存的每个存储位置都对应唯一的存储地址。前几章的叙述中，都是通过变量名访问存储空间。C 语言支持使用变量存储地址对变量进行存取操作。

要取得变量的存储地址，可以对变量进行取地址运算，取地址运算符为 "&"。

例如，定义：int a;

则 &a 即表示变量 a 的存储地址。

在 C 语言中，所谓指针就是变量的存储地址。指针类型是 C 语言中用于表示存储地址的数据类型。一般说来，变量的地址在程序运行以前都是未定的，即使程序开始运行了，在运行的不同阶段也可能为变量分配不同的存储地址。

【例 7-1】　下面的程序显示变量 x 的存储地址和 x 的值。

```
1:      #include <stdio.h>
2:      void main()
3:      {   int x=3;
4:          printf("Address of x is %xH,   Value of x is %d\n",&x,x);
5:      }
```

📝 **程序说明：**

第 4 行：先显示变量 x 的存储地址，然后显示变量 x 的值。"%x"表示以十六进制格式输出地址，这是表示计算机存储地址最常用的格式。

🎵 **运行结果：**

显示：Address of x is 17f820H,　　　Value of x is 3

例中，&x 的值为 17f820，也即变量 x 的指针为 17f820，表示变量 x 存储在起始地址为 17f820H 的内存单元中，如图 7-1 所示。

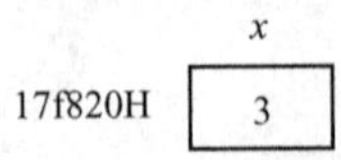

图 7-1　变量 x 在内存的存储示意图

一个不指向任何存储单元的指针称之为空指针，空指针的值为 0，也即是 ASCII 码表中的 NULL 值。

7.1.2 指针变量的概念

1. 指针变量的定义与初始化

在 C 语言中，有一类变量是专门用来存放变量的存储地址的，称为指针变量。

定义指针变量的格式：

> 类型说明符 *指针变量名;

☞注意：

1）类型说明符是指针变量所指向存储空间的数据类型。不同类型的指针变量不能相互替代。

2）指针变量属于变量范畴，具有与其他变量相同的命名规则。

以下是定义指针变量的例子：

```
float x,y,*pf;        /*  定义浮点型变量 x、y 及一个指向浮点型数据的指针变量 pf  */
char ch1,ch2;         /*  定义字符型变量 ch1、ch2  */
char *p1;             /*  定义一个指向字符型数据的指针变量 p1  */
```

可以在定义指针变量的同时，为其赋值，称为指针变量的初始化。例如：

```
char ch,*pc=&ch;      /*  定义字符型变量 ch 及一个指向字符型数据的指针变量 pc，同时使 pc
                          指向 ch 的存储单元，指针指向正确  */
int a=7,*p=&a;        /*  定义整型变量 a，并初始化为 7，又定义一个指向整型数据的指针变量
                          p，同时使 p 指向 a 的存储单元，指针指向正确  */
char a; float *p=&a;  /*  定义字符变量 a，又定义一个指向浮点型数据的指针变量 p，同时使 p
                          指向 a 的存储单元，指针指向错误，因为浮点型指针变量不能指向字
                          符型数据存储空间  */
```

☞注意：

指针变量的初始化同样要遵循"先定义、后使用"的原则。如下面所示，指针变量的初始化是错误的：

> int *p=&a,a=7;

这是因为取地址运算&a 在变量 a 被说明之前，因此取地址运算&a 是没有意义的。

指针变量必须初始化才能应用，初始化使得指针具有确定的指向。假如暂时不能确定指针的指向，可以给指针变量初始化为 NULL。

2. 给指针变量赋值

在程序中可以通过赋值语句给指针变量赋值。如：

```
int a,*p;             /*  定义整型变量 a 及指向整型数据的指针变量 p */
p=&a;                 /*  使指针变量 p 指向 a 的存储单元  */
```

☞注意：

指针变量的初始化和通过赋值语句给指针变量赋值都可以使指针变量指向某个变量的存

储单元，但在形式上，它们是不一样的，决不可以混淆。

3. 取得指针变量所指向的变量值

在程序中可以通过指针变量取得其所指向的变量的值。如：

```
int a=7,b=5,c,*p1=&a,*p2=&b;
c=*p1+*p2;        /* 取出 a、b 的值，相加后将结果赋给变量 c */
```

指针变量 p1、p2 经过初始化已分别指向变量 a 和 b，在表达式中*p1 和*p2 分别表示 p1 和 p2 所指向的变量 a 和 b 的值，在这里，赋值语句：

```
c=*p1+*p2;  与  c=a+b;  是等价的。
```

☞ 注意：

在定义指针变量时使用的"*"字符只是为了说明其后的变量是指针变量，而在表达式中"*"和指针变量名合在一起表示该指针变量所指向的变量的值。这是完全不同的两个概念，不可混淆。

【例 7-2】 输入 3 个整数，输出其中的最大值。

```
1:    #include <stdio.h>
2:    void main()
3:    {    int x,y,z,*p1=&x,*p2=&y,*p3=&z,*pmax;
4:         scanf("%d,%d,%d",p1,p2,p3);
5:         pmax=p1;
6:         if(*pmax<*p2)
7:            pmax=p2;
8:         if(*pmax<*p3)
9:            pmax=p3;
10:        printf("MAX=%d\n",*pmax);
11:   }
```

✍ 程序说明：

第 4 行：经过初始化，指针变量 p1、p2、p3 已分别指向 x、y、z，所以 p1、p2、p3 与 &x、&y、&z 等价，在指针变量 p1、p2、p3 前面不可再添加"&"符号。

第 5 行：假设 x 为当前的最大者，使指针变量 pmax 指向 p1 所指向的存储单元，即指向 x。

第 6～7 行：若 pmax 指向存储单元的内容小于 p2 所指向存储单元的内容，也就是当前的最大值小于 y，使指针变量 pmax 指向 y，y 成为当前的最大者。

第 8～9 行：作用与第 6～7 行类似，结果使指针变量 pmax 指向 x、y、z 中的最大者。

第 10 行：*pmax 为 3 个数中的最大值。

【例 7-3】 输入 3 个整数，按从小到大的顺序输出这 3 个数。

```
1:    #include <stdio.h>
2:    void main()
3:    {    int a,b,c,*p1=&a,*p2=&b,*p3=&c,*t;
4:         printf("Please Input Three Integers:\n");
5:         scanf("%d,%d,%d",p1,p2,p3);
```

```
6:          if(*p1>*p2)
7:              {
8:                  t=p2;
9:                  p2=p1;
10:                 p1=t;
11:             }
12:         if(*p2>*p3)
13:             {
14:                 t=p3;
15:                 p3=p2;
16:                 p2=t;
17:             }
18:         if(*p1>*p2)
19:             {
20:                 t=p2;
21:                 p2=p1;
22:                 p1=t;
23:             }
24:         printf("%d,%d,%d",*p1,*p2,*p3);
25:      }
```

📝 程序说明：

第6～11行：若a大于b，使指针变量p1指向b，p2指向a。

第12～17行：这部分及第18～23行与第6～11行的作用相似。

🔔 运行结果：

输入：4,11,8 <回车>

输出：4,8,11

可以通过交换变量 a、b、c 的值使它们的值由小到大排列，以前介绍的冒泡法排序和选择法排序都是采用这样的做法，请参阅图 7-2。

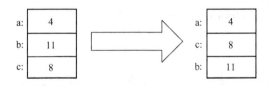

图 7-2 通过改变变量的存储实现排序

在例 7-3 中，则是通过改变指针变量 p1，p2，p3 的指向达到同样目的，如图 7-3 所示。

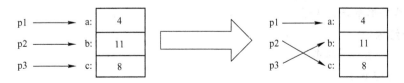

图 7-3 通过改变指针变量的指向实现排序

由此可见，使用指针变量将使程序设计具有更大的灵活性。

7.2 指针作为函数参数

在函数调用时，如果采用值传递，在被调函数中不能改变实参变量的值。这在有些情况下，给程序设计带来了不便。此外，由于每次调用函数只能通过 return 语句返回一个值，也限制了程序设计的灵活性。在函数调用中通过指针变量则可以解决这些问题。

指针作为一种数据类型，也可以作为函数的形参和实参。如果在函数调用时，采用地址传递，把实参变量的存储地址传递给形参变量，则被调函数通过这些存储地址访问实参变量，使实参变量参与函数调用。

指针变量要作为函数参数，同样必须满足：在函数调用中，形式参数和实际参数在类型、个数和顺序上必须保持一致的要求。即在调用函数时，如果实际参数是指针，那么函数中相应的形式参数必须被说明为同类型的指针变量。

【例 7-4】 通过函数调用交换实参变量的值。

```
1:    #include <stdio.h>
2:    void    swap(int *x,int *y)
3:    {        int    temp;
4:            temp=*x;
5:            *x=*y;
6:            *y=temp;
7:    }
8:    void main()
9:    {
10:           int a,b;
11:           printf("Please input two integers:\n");
12:           scanf("%d,%d",&a,&b);
13:           printf("a=%d    b=%d\n",a,b);
14:           swap(&a,&b);
15:           printf("Exchanged a,b: a=%d, b=%d\n ",a,b);
16:    }
```

📝 程序说明：

第 2 行：由于函数调用时，实参为地址，相应地，须将形参变量说明为同类型的指针变量。

第 3～7 行：将形参变量的值*x 和*y 互换，而作为形参变量的指针变量 x 和 y 在函数调用时通过地址传递已指向实参变量，故实际交换的将是实参变量的值。

第 14 行：调用函数 swap()，实参为变量 a、b 的指针，即 a、b 的存储地址。调用时将它们传递给对应的形参指针变量。

🎵 运行结果：

输入：   5，6   <回车>

显示：   a=5 b=6

显示：   Exchanged a,b: a=6, b=5

【例 7-5】 从键盘输入 3 个整数，通过函数调用，同时返回这 3 个整数的和与积。

```
1:    #include <stdio.h>
2:    void f(int,int,int,int *,int *);
3:    void main()
4:    {    int a,b,c,sum,mul;
5:         printf("Please Input Three Integers:\n");
6:         scanf("%d,%d,%d",&a,&b,&c);
7:         f(a,b,c,&sum,&mul);
8:         printf("SUM=%d     MUL=%d\n",sum,mul);
9:    }
10:   void f(int x,int y,int z,int *p1,int *p2)
11:   {
12:        *p1=x+y+z;
13:        *p2=x*y*z;
14:   }
```

📝 **程序说明：**

第 2 行：函数声明。

第 7 行：调用函数 f()时，将变量 sum 和 mul 的存储地址传递给形参指针变量 p1 和 p2。

第 11～12 行：将 3 个整数的和与积赋给指针变量 p1 和 p2 所指向的实参变量，这样，主函数通过调用 f()获得了所需的两个结果。显然，使用 return 语句是无法实现这一要求的。

上述两个例子只涉及单个变量和指针变量在函数调用中的应用。读者将发现，在涉及数组的程序设计中，指针变量更能显示其独特的功效。

7.3 指针与数组

7.3.1 一维数组的指针

1．一维数组指针的概念

由于数组元素在内存中是顺序存放的，根据数组在内存中存放的首地址，数组各元素的存储地址即可推而知之。在 C 语言中，将一维数组在内存中存放的首地址作为该数组的指针。显然，该指针也就是数组首元素的指针。由于一维数组的数组名表示数组存放的首地址，所以，一维数组的数组名就是该数组的指针。

例如：定义一维数组 int arr[5]={5,4,3,2,1};并假定数组在内存中从 2000H 开始存放，如图 7-4 所示。

2000H	5	arr[0]
2004H	4	arr[1]
2008H	3	arr[2]
201CH	2	arr[3]
2020H	1	arr[4]

图 7-4　一维数组 arr 在内存的存储

根据 C 语言的规定，数组名 arr 就是数组 arr 的指针，由图 7-4 可知，arr 的值就是数组的存储地址 2000H。显然，数组元素 arr[0]的指针也是 2000H，数组元素 arr[1]的指针是 2004H，…。在 C 程序中，执行语句：

    printf（"%x",arr）；

即可输出一维数组 arr 的指针。而数组 arr 的元素 arr[i]在使用上与普通的变量相同，因此，&arr[i]就是数组 arr 第 i 个元素 arr[i]的指针。由于数组在内存中以元素为单位顺序存放，所以，arr+1 就是 arr[1]的指针，arr+2 就是 arr[2]的指针，…，一般地，一维数组 arr 的指针 arr 和第 i 个元素的指针&arr[i]之间满足关系：

    &arr[i]与 arr+i 等价

除了数组名不同，上述关系对所有的一维数组都成立。

【例 7-6】 从键盘输入 10 个整数，然后逆序输出。

```
1:    #include <stdio.h>
2:    void main()
3:    {    int a[10],i,*p=a;
4:            printf("Please input ten Integers:\n");
5:            for(i=0;i<=9;i++)
6:                scanf("%d",a+i);
7:            for(p=a+9;p>=a;p--)
8:                printf("%d, ",*p);
9:            printf("\n");
10:    }
```

✎ 程序说明：

第 3 行：定义指针变量 p，并使 p 指向数组 a 的首地址。

第 6 行：a+i 与&a[i]等价。

第 7 行：执行 p=a+9，使指针变量 p 指向 a[9]。条件 p>=a 不成立则表示指针变量 p 已指向数组元素 a[0]的前一个存储单元，说明 p 的指向已离开数组 a。执行 p--，使 p 指向数组的前一个元素。

♪ 运行结果：

输入：2 4 6 8 10 12 14 16 18 20 <回车>

输出：20，18，16，14，12，10，8，6，4，2，

☞ 注意：

1）指针变量既然是变量，就可以进行自加、自减运算，p++或++p 是使指针变量指向数组当前元素的下一个元素，而 p--或--p 使指针变量指向数组当前元素的前一个元素。

2）数组名 a 是数组的指针也即是数组的首地址，是一个常量，所以不可以进行自加、自减运算，a++或 a--的运算都是非法的。

3）如果指针变量 p 指向数组的某一个元素 a[i]，则*p++表示读取 a[i]的值后，再使 p 指向 a[i+1]。类似地，读者可以推知*p--的运算过程。程序中的第 7～8 行可改写为：

```
for(p=a+9;p>=a;)
        printf("%d, ",*p--);
```

运行时，每次输出*p之后，执行p--。

4）如果指针变量 p 指向数组的某一个元素 a[i]，则--*p 表示读取 a[i]的值后，执行 a[i]-=1，而 p 的指向不变。类似地，读者可以推知++*p 的运算过程。

5）如果指针变量 p 指向数组的某一个元素 a[i]，则(*p)++表示读取 a[i]的值后，执行 a[i]+=1，而 p 的指向不变。类似地，读者可以推知(*p)--的运算过程。

6）特别指出：*p++和*(p++)、*p--和*(p--)的运算结果是一样的。

2．一维数组指针在函数调用中的应用

由于数组名就是数组的指针，如果将数组名作为函数的实参，再以同类型的指针变量作为形参，在函数调用中，就可以通过把数组的指针传递给形参变量，实现地址传递。

【例 7-7】 从键盘输入 5 个数，输出其中的最大值和最小值。

```
1:    #include <stdio.h>
2:     int max,min;
3:     void f(int *arr,int n)
4:     {   int *p,*arr_end;
5:          arr_end=arr+n;
6:          max=min=*arr;
7:          for(p=arr+1;p<arr_end;p++)
8:            {
9:                if(*p>max) max=*p;
10:               else
11:                 if(*p<min) min=*p;
12:            }
13:     }
14:     void main()
15:     {
16:          int a[5],*p1=a;
17:          printf("Please Input Five Integers:\n");
18:           for(;p1<a+5;p1++)
19:             scanf("%d",p1);
20:          p1=a;
21:          f(p1,5);
22:          printf("max=%d, min=%d\n",max,min);
23:     }
```

✍ 程序说明：

第 2 行：将 max 和 min 定义为全局变量。

第 3 行：形参指针变量 arr 在函数调用中将指向实参数组的首地址，形参变量 n 的值为实参数组的元素个数。

第 5 行：使指针变量 arr_end 指向数组末元素的下一个单元地址。

第 20 行：在输入数组数据的过程中，指针变量 p1 的指向已发生改变，这里让 p1 重新指向数组 a 的首地址。

第 21 行：函数调用，把实参指针变量 p1 传给形参指针变量 arr，由于 p1 指向数组 a 的首地址，所以经过函数参数传递就使得 arr 也指向数组 a 的首地址。若取消第 20 行的语句，将第 21 行的语句改为：f(a,5);结果是一样的。

思考题：

不将 min、max 定义为全局变量，试修改程序并实现同样的功能。

7.3.2 二维数组的指针

1. 行指针的概念

根据二维数组元素按行优先顺序存放的特点，可参照通过指针变量访问一维数组元素的办法访问二维数组。与一维数组相似，二维数组的数组名表示数组存储的首地址。

例如，定义二维数组：int a[3][4]={{2,4,6,8},{10,12,14,16},{18,28,22,24}};假设二维数组 a 存储在从 2000H 开始的存储单元中，如图 7-5 所示。（图中假设 int 占 2B）。

图 7-5　二维数组 a 在内存中的存储

数组名 a 指向数组存储的首地址 2000H。与一维数组不同的是：a+1 不是指向 a[0][1] 的存储单元，而是指向二维数组第 1 行的存储首地址 2008H，以此类推，a+2 指向二维数组第 2 行的存储首地址 2010H。所以，确切地说，数组名 a 指向二维数组第 0 行的存储首地址 2000H。

称二维数组各行的存储首地址为该行的行指针。行指针是以二维数组的行为存储单位的地址，所以，虽然 a 和&a[0][0] 表示的是同一个地址，但含义不同，a 指向的是二维数组中第 0 行所有元素的存储区域的首地址，而&a[0][0] 指向的是元素 a[0][0] 的存储单元地址，类似地，读者可以区分 a+1 和&a[1][0]、a+2 和&a[2][0]在概念上的不同。

为了使用行指针，需要定义行指针变量。定义行指针变量的格式：

类型说明符（*行指针变量名）[数组的列元素个数];

对前面定义的二维数组 a[3][4]，定义行指针变量：int (*p)[4];

其中，(*p)表示 p 是行指针变量,[4]表示该行指针变量指向的行有 4 个列元素，int 表示二维数组元素的类型为整型。

可以在定义行指针变量的同时对其初始化，例如，执行语句：

int a[3][4]= {{2,4,6,8},{10,12,14,16},{18,28,22,24}},(*p)[4]=a;

其中，p 指向二维数组 a 的第 0 行，p+i 指向 a 的第 i 行 (i=0,1,2)。

二维数组 a 的元素 a[i][j]可以通过行指针变量 p 来表示。

若行指针变量 p 指向 a 的第 0 行，则：

*(p+i)+j 指向二维数组 a 的元素 a[i][j]，即：

*(p+i)+j 就是&a[i][j]，而 *(*(p+i)+j) 就是 a[i][j]的值。

根据定义，若 p 指向二维数组 a 的第 0 行，则：

*(p+1)+2 就是&a[1][2]，而 *(*(p+1)+2) 就是 a[1][2]的值 14；

*(p+2)+2 就是&a[2][2]，而 *(*(p+2)+2) 就是 a[2][2]的值 22；

又如：*p+1 可以写成*(p+0)+1，就是&a[0][1]，于是 *(*p+1) 就是 a[0][1]的值 4；

再如：*p 可以写成*(p+0)+0，就是&a[0][0]，于是 **p 就是 a[0][0]的值 2。

如果注意到，二维数组的数组名 a 即是数组第 0 行元素的指针，就可以用二维数组名代替行指针变量，得到相类似的结论：

*(a+i)+j 指向二维数组 a 的元素 a[i][j]，即：

*(a+i)+j 就是&a[i][j]，于是 *(*(a+i)+j) 等于 a[i][j]的值。

【例 7-8】 以两种不同的方式输出数组元素 a[i][j] 的存储单元地址和值。

```
1:    #include <stdio.h>
2:    void main()
3:    {   int a[2][2]={{2,4},{6,8}},i,j;
4:        int (*p)[2]=a;
5:        for(i=0;i<=1;i++)
6:           for(j=0;j<=1;j++)
7:              {
8:               printf("Address1 of a[%d][%d] is %x",i,j,*(p+i)+j);
9:               printf("    a[%d][%d]=%d\n",i,j,*(*(p+i)+j));
10:              printf("Address2 of a[%d][%d] is %x",i,j,*(a+i)+j);
11:              printf("    a[%d][%d]=%d\n",i,j,*(*(a+i)+j));
12:             }
13:   }
```

📝 程序说明：

第 8～9 行：使用行指针的方法输出数组元素 a[i][j]的指针和值。

第 10～11 行：使用二维数组名的方法输出数组元素 a[i][j]的指针和值。

【例 7-9】 用行指针的方法计算并输出二维数组 a 各行元素的和。

```
1:    #include <stdio.h>
2:    void main()
3:    {   int a[3][4]= {{2,4,6,8},{10,12,14,16},{18,20,22,24}};
4:        int (*p)[4]=a,i=0,j;
5:        for(p=a;p<=a+2;p++,i++)
6:         {
7:          int sum=0;
8:          for(j=0;j<=3;j++)
9:             sum+=*(*p+j);
10:         printf("Sum of Row %d is %d\n",i,sum);
11:        }
12:   }
```

程序说明：

第 5 行："p++,i++" 为逗号表达式。p++使行指针指向下一行，变量 i 在输出结果时用于指示行号。

第 9 行：这里，指针变量 p 已经指向二维数组的第 i 行，所以，*p+j 就是&a[i][j], *(*p+j)就是 a[i][j]的值。

注意：

本例中的行指针变量 p 不可以用数组名 a 来替代，因为数组名 a 表示数组的首地址，是一个常量，不能进行自增、自减运算，表达式 a++是非法的。

因为二维数组的元素按行的顺序排列，同一行中的元素又按列的顺序排列，照此规律，可以用访问一维数组元素的方法访问二维数组元素。

【例 7-10】 用访问一维数组的方法输出二维数组所有元素的和。

```
1:    #include <stdio.h>
2:    void main()
3:    {     int a[3][4]={{2,4,6,8},{10,12,14,16},{18,20,22,24}};
4:          int i,j,sum=0,*p=&a[0][0];
5:          for(i=0;i<=2;i++)
6:            for(j=0;j<=3;j++)
7:              sum+=*(p+i*4+j);
8:          printf("SUM=%d\n",sum);
9:    }
```

程序说明：

第 4 行：定义指针变量 p，并初始化使 p 指向二维数组的首元素 a[0][0]，读者注意，这里的 p 不是行指针变量。

第 5~6 行：二维数组 a 有 3 行、4 列。如果以 a[0][0]作为序号为 0 的元素，则元素 a[i][j]的序号为 i*4+j。由此，因为指针变量 p 指向 a[0][0]，则 p+i*4+j 指向二维数组的元素 a[i][j]。请读者参照图 7-5 加以理解。不失一般性，若指针变量 pointer 指向 m 行、n 列的二维数组 array 的首元素 array[0][0]，则 pointer+i*n+j 指向该数组的元素 array[i][j]，（i=0,1,2,…,m-1; j=0,1,2,…,n-1）。

第 7 行：*(p+i*4+j) 就是 a[i][j] 的值。

注意：

本例中的指针变量 p 可以用&a[0][0]来替代，其运行结果是一样的。

2. 列指针的概念

假设定义了二维数组 int a[3][4]; 称 a[i] 为二维数组 a 中，第 i 行的列指针，它指向元素 a[i][0]，而 a[i]+1 指向元素 a[i][1], a[i]+2 指向元素 a[i][2], …。一般地，a[i]+j 就是 &a[i][j],*(a[i]+j)就是 a[i][j]的值。列指针的概念是针对二维数组的。

【例 7-11】 用列指针的方法输出二维数组所有元素的和。

```
1:    #include <stdio.h>
2:    void main()
3:    {     int a[3][4]= {{2,4,6,8},{10,12,14,16},{18,20,22,24}};
```

```
4:          int i,j,sum=0,*p;
5:          for(i=0;i<=2;i++)
6:            {
7:              p=a[i];
8:              for(j=0;j<=3;j++)
9:                sum+=*(p+j);
10:           }
11:           printf("SUM=%d\n",sum);
12:  }
```

📝 程序说明：

第 7 行：将第 i 行的列指针 a[i] 赋给指针变量 p，使 p 指向元素 a[i][0]。请读者不要把列指针与一维数组的概念相混淆。

第 9 行：p+j 指向二维数组的元素 a[i][j]，而 *(p+j) 就是 a[i][j] 的值。

👉 注意：

若 p 是列指针，则执行 p++，表示使指针 p 执向二维数组的下一个数组元素。

若 p 是行指针，则执行 p++，表示使指针 p 执向二维数组下一行的首地址。

3．行指针应用举例

【例 7-12】 用不同的访问二维数组的方法求 4 行 3 列二维数组中所有元素的平均值。

```
1:    #include <stdio.h>
2:    void main()
3:    {    float a[][3]={{-7.5,3.4,6.3},{0,-4.3,2.9},{-8.8,-5.7,9},{3.3,2.6,7.1}};
4:         int i,j;
5:         float avg,*p,(*pp)[3];
6:         for(avg=0,i=0;i<=3;i++)                /* 用下标法实现 */
7:           for(j=0;j<=2;j++)
8:             avg+=a[i][j];
9:         printf("avg1=%f\n",avg/12);
10:        for(avg=0,p=*a;p<=*a+11;p++)           /* 用访问一维数组的方法实现 */
11:          avg+=*p;
12:        printf("avg2=%f\n",avg/12);
13:        for(avg=0,i=0;i<4;i++)                 /* 用列指针实现 */
14:          for(j=0;j<3;j++)
15:            avg+=*(a[i]+j);
16:          printf("avg3=%f\n",avg/12);
17:        for(avg=0,pp=a;pp<=a+3;pp++)           /* 用行指针实现 */
18:          for(j=0;j<=2;j++)
19:            avg+=*(*pp+j);
20:        printf("avg4=%f\n",avg/12);
21:   }
```

📝 程序说明：

第 10 行：因为 *(a+i)+j 就是 &a[i][j]，令 i=0，j=0，得到：*a 即是 &a[0][0]。故 p<=*a+11 等价于 p<=&a[0][0]+11。&a[0][0]+11 指向二维数组 a 的最后一个元素 a[3][2]。

第 17~19 行：如果行指针变量 pp 指向二维数组 a 的第 0 行，那么(pp+i) 指向二维数组 a 的第 i 行，从而*(pp+i)+j 指向数组元素 a[i][j]。在这里，行指针变量 pp 每次执行 pp++ 以后即指向下一行。所以在第 19 行中，*pp+j 指向当前行的第 j 个元素，而*(*pp+j) 为该元素的值。

【例 7-13】 通过函数调用求二行四列矩阵的最大元素值。

```
1:    #include <stdio.h>
2:    int max(int (*p)[4])
3:    {    int i,j,m;
4:         m=**p;
5:         for(i=0;i<=1;i++)
6:            for(j=0;j<=3;j++)
7:               if(*(*(p+i)+j)>m)
8:                  m=*(*(p+i)+j);
9:         return(m);
10:   }
11:   void main()
12:   {
13:        int a[2][4],i,j;
14:         printf("Please Input Eight Integers:\n");
15:        for(i=0;i<=1;i++)
16:           for(j=0;j<=3;j++)
17:              scanf("%d",&a[i][j]);
18:        printf("MAX=%d\n",max(a));
19:   }
```

📓 程序说明：

第 2 行：函数 max()的形参为行指针变量，在函数调用时，相应的实参应为二维数组的数组名，使该行指针变量指向二维数组的第 0 行。

第 4 行：假设二维数组 0 行、0 列的元素为当前的最大值。

第 7 行：用行指针的方法访问二维数组元素。

第 18 行：调用函数 max()，用数组名 a 作为实参，使得形参行指针 p 指向二维数组的第 0 行。

7.3.3 字符串的指针

字符串的指针就是该字符串在内存存储区域中的起始地址。由于字符串是通过字符数组来实现的，所以字符数组名就是该字符串的指针。

例如，定义一字符串：char s[]="I love China. ";

那么，字符数组名 s 就是该字符串的指针。与一维数组的情形相仿，通过指针变量，既可以访问整个字符串，也可以访问字符串中的某个字符。

【例 7-14】 通过字符数组名和指针变量访问字符串。

```
1:    #include<stdio.h>
2:     void main()
```

```
3:      {
4:          char s[]="I love China.",*p;
5:          int i;
6:          for(i=0;s[i]!='\0';i++)
7:              printf("%c",s[i]);
8:          printf("\n");
9:          puts(s);
10:         for(p=s;*p!='\0';p++)
11:             printf("%c",*p);
12:          printf("\n")
13:         p=s;
14:         puts(p);
15:     }
```

📖 **程序说明：**

第 1 行：因为使用输出函数 puts()，所以用#include 命令将头文件 stdio.h 包含进来。

第 10～11 行：使字符指针变量 p 指向字符数组 s 的首地址。p++使字符指针变量指向字符数组 s 的下一个字符，*p 表示 p 所指向的字符的值。

第 13 行：结束循环时，p 已经指向字符数组 s 的末尾，通过赋值使字符指针变量 p 重新指向字符数组 s 的首地址。

对字符串而言，字符数组名可以用一个指向该字符串的指针变量来代替。

例 7-14 可以改写为：

```
1:      #include<stdio.h>
2:      void main()
3:      {
4:          char *p= "I love China.",*p1=p;
5:          int i;
6:          for(i=0;*(p+i)!='\0';i++)
7:              printf("%c",*(p+i));
8:          printf("\n");
9:          puts(p);
10:         for(p=p1;*p!='\0';p++)
11:             printf("%c",*p);
12:         printf("\n");
13:         p=p1;
14:         puts(p);
15:     }
```

📖 **程序说明：**

第 4 行：定义字符指针变量 p 和字符串并使 p 指向字符串的起始地址。又定义字符指针变量 p1 用以保存指针变量 p 的初值。

第 6～7 行：p+i 指向字符串中第 i 个字符，i=0 时指向字符串的首字符。*(p+i) 即是字符串中第 i 个字符的值。

第 9 行：字符指针变量 p 指向字符串的起始地址，在这里，p 和字符数组名的作用是一样的。

第 10～11 行：请参照第 6～7 行的说明。不同的是，指针变量 p 在执行循环语句的过程中指向不同的字符串元素，到循环结束时，p 指向字符串的末尾。

第 13 行：使指针变量 p 重新指向字符串的起始地址。读者由此可见定义字符指针变量 p1 的作用。

【例 7-15】 通过函数调用，将字符串 1 中从第 m 个字符开始的全部字符复制成字符串 2。要求在主函数中输入字符串 1 和 m 的值，并输出复制结果。

```
1:      #include<stdio.h>
2:      #include<string.h>
3:      void copys(char *,char *,int);
4:      void main()
5:      {
6:          int m;
7:          char s1[80],s2[80];
8:          printf("Please input a string:\n");
9:          gets(s1);
10:         printf("Please input an integer m:\n");
11:         scanf("%d",&m);
12:           if(strlen(s1)<m)
13:             printf("Error m !\n");
14:           else
15:             {
16:                 copys(s1,s2,m);
17:                 printf("Result is :%s\n",s2);
18:             }
19:      }
20:      void copys(char *p1,char *p2,int i)
21:      {
22:          int n=0;
23:          while(n<i-1)
24:             {
25:               p1++;
26:               n++;
27:             }
28:          while(*p1!='\0')
29:             {
30:               *p2=*p1;
31:               p1++;
32:               p2++;
33:             }
34:          *p2='\0';
35:      }
```

📝 程序说明：

第 3 行：由于被调用的函数位于调用语句之后，这里须对被调函数加以声明。

第 12～13 行：若 m 大于字符串 1 的总长度，输出出错信息。

第 23～27 行：开始执行被调函数 copys() 时，指针变量 p1 指向字符数组 s1 的首地址，而被复制的字符串从 s[m-1] 开始，这个循环语句使指针 p1 在结束循环时指向字符 s1[m-1]。

第 28～33 行：开始执行被调函数 copys() 时，指针变量 p2 指向字符数组 s2 的首地址，这个循环语句将 s1 中第 m 个字符开始的全部字符复制到 s2。

第 34 行：在 s2 的末尾添加字符串的结束符 "\0"。

🖐 运行结果：

Please input a string:

输入：　abcdefghijk　　<回车>

Please input an integer m:

输入：　5　　<回车>

显示：Result is : efghijk

7.3.4　指针数组

一个数组，如果其元素值均为指针类型的数据，则称为指针数组。显然，指针数组中的每一个元素都是一个指针变量。

指针数组的定义格式：

　　　类型说明符 *数组名[数组长度];

例如，语句：int *p[4];

定义了一个有 4 个元素组成的数组 p，其中，每一个元素 p[i],(i=0,1,2,3) 都是指向整型数据的指针变量。

下面的例子中，指针数组指向若干个字符串，用于实现字符串的排序。

【例 7-16】　将若干字符串按字母顺序（由小到大）输出。

```
1:    #include <stdio.h>
2:    #include<string.h>
3:    #define N 4
4:    void sort(char *s[],int n)
5:    {   char *temp;
6:        int i,j,k;
7:        for(i=0;i<n-1;i++)
8:          {
9:            k=i;
10:           for(j=i+1;j<n;j++)
11:            if(strcmp(s[k],s[j])>0)
12:              k=j;
13:           if(k!=i)
14:            {
```

```
15:            temp=s[i];
16:            s[i]=s[k];
17:            s[k]=temp;
18:            }
19:         }
20:    }
21:    void out(char *s[],int n)
22:    {
23:        int i;
24:        for(i=0;i<n;i++)
25:          printf("%s\n",s[i]);
26:    }
27:    void main()
28:    {
29:        char *str[N]={"CHINA","FRANCE","RUSSIA","AMERICA"};
30:        sort(str,N);
31:        out(str,N);
32:    }
```

📝 程序说明：

第4行：函数sort()的第一个形参为指针数组，以*s[]表示，n表示数组元素个数。

第5～19行：采用选择法对由指针数组中各元素（指针变量）所指向的字符串进行排序。对于选择法排序的算法请读者参考第5章的相关内容。

第29行：定义一个有N（N是字符常量）个元素的字符型指针数组str，其中指针变量str[0]指向字符串"CHINA",str[1]指向字符串"FRANCE",…，采用符号常量N使程序可以适应不同字符串个数的情形。

第30行：调用函数sort()。函数sort()的第一个形参是指针数组s，调用时实参为指针数组str的数组名，就是指针数组str的起始地址，形参*s[]接受该地址，所以s[i]就是str[i]。在程序的第11行中，strcmp(s[k],s[j])表示将指针变量s[k],s[j]所指向的两个字符串进行比较。程序的第15～17行则是交换指针变量s[k]和s[i]的值，也就是交换它们所指向的字符串的起始地址，请参阅图7-6。

第31行：调用函数out()输出排序后的结果。关于调用时实参与形参的说明请参阅第30行的说明。

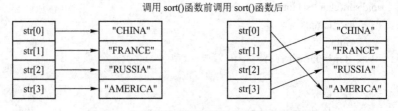

调用sort()函数前　调用sort()函数后

图7-6　字符串排序前后指针数组元素的指向

👉 运行结果：

显示：AMERICA
　　　CHINA

FRANCE

RUSSIA

7.4 指针与函数

7.4.1 指向函数的指针

在 C 程序中定义的函数，系统编译时会为函数代码分配一段连续的存储空间，这段存储空间的起始地址（又称为入口地址）称为这个函数的指针，而函数名就代表该函数所占存储空间的首地址。

可以把函数的首地址赋给一个指向该函数的指针变量，通过该指针变量就可以调用这个函数，把这种指向函数的指针变量称为"函数指针变量"。

函数指针变量定义的格式为：

类型说明符　(*指针变量名)(形式参数表列);

其中，"类型说明符"表示被指函数返回值的类型；"(*指针变量名)"表示"*"后面的变量是定义的指针变量；最后的括号表示该指针变量所指的是一个函数，括号中应依次给出被指函数中各个形参的类型。

例如：

float (*p)(float, int, char);

表示 p 是一个指向函数入口的指针变量，被指函数的返回值是 float 型，并且该函数有 3 个形式参数，类型依次为 float、int 和 char。

【例 7-17】 用函数指针变量调用函数。

```
1: #include <stdio.h>
2: int max(int x, int y)
3: {
4:     return x>y?x:y;
5: }
6: void main()
7: {
8:     int (*pmax)(int,int);
9:     int a,b,maxnum;
10:    pmax=max;
11:    printf("Input two numbers:\n");
12:    scanf("%d%d",&a,&b);
13:    maxnum=(*pmax)(a,b);
14:    printf("maxnum=%d\n",maxnum);
15: }
```

📝 程序说明：

第 2～5 行：定义函数 max，功能是求两个数中较大的数并返回。

第 8 行：定义函数指针变量 pmax，所指向的函数有两个整型形参。

第 10 行：使函数指针变量指向被调函数的入口地址。函数 max 名即代表函数的入口地址。

第 13 行：用函数指针变量调用函数。调用形式为：(*指针变量名)(实参列表);。

👆 运行结果：

Input two numbers:

输入：3 6
显示：maxnum=6

7.4.2 指针函数

对于有返回值的函数来说，函数名前面的类型说明符指出函数返回值的类型。如果函数的返回值是一个地址，也就是指针，则称这样的函数为指针函数。

指针函数定义格式：

类型说明符 *函数名(形参表)
{
语句;
}

格式中的类型说明符表明函数返回的指针所指向的数据类型。

【例 7-18】 编一个函数，用以求数组中最小元素，并返回指向该元素的指针。

```
1:   #include <stdio.h>
2:   int *getmin(int *,int);
3:   void main()
4:   {    int *p,a[]={6,4,85,1,82,12,66,32,22,211};
5:        p=getmin(a,10);
6:        printf("The minimum value is：%d\n",*p);
7:   }
8:   int *getmin(int *parr,int n)
9:   {
10:       int *pmin=parr,*pp;
11:       for(pp=parr;pp< parr+n;pp++)
12:         if(*pmin>*pp)
13:            pmin=pp;
14:       return pmin;
15:   }
```

📎 程序说明：

第 2 行：返回值为 int 型指针的函数原型声明，该指针指向一个整型数据。形参表的第一个参数为指向整型数的指针变量。

第 5 行：调用函数 getmin()。函数 getmin()的第一个形参是指针变量，相应的实参为数组 a 的首地址。同时，数组 a 的元素个数赋予第二个形参。由于函数的返回值是指针，该指针指向 int 型变量，所以这里用指向 int 型的指针变量 p 接收该返回值。

第 10~13 行：首先，定义指向数组最小元素的指针变量 pmin，初始化时假设数组的首元素为最小元素。以后通过循环，将数组中的元素逐个与 pmin 所指向的最小元素进行比较，若当前的数组元素更小，则使 pmin 指向该数组元素。

第 14 行：pmin 为指向数组最小元素的指针，根据题意返回 pmin，即返回了指向该元素的指针。

☞ 注意：

在指针函数的使用中，必须注意其所返回的指针的有效性。试看下面的函数：

```
int *getmax(int x,int y,int z)
{
        int *p;
        p=(x>y)?&x:&y;
        p=(y>z)?&y:&z;
        return p;
}
```

该函数用于求 3 个整数中的最大值。函数返回值是指向最大值的指针，但是形参变量 x、y、z 为局部变量，只在函数体内部有效，随着函数调用的结束，所得到的函数返回值是一个已经被释放的存储单元指针。通常，该指针是无效的。但如果在该例中用地址传递取代值传递就可以避免这个问题，请读者完成对该例的修正。

7.5 典型例题分析

【例 7-19】 写出下列程序的运行结果。

```
#include <stdio.h>
void main()
{
    int a[]={1,2,3,4,5,6},*p;
    p=a;
      *(p+3)+=2;
      printf("%d,%d\n",*p,*(p+3));
}
```

解析：

C 语言允许通过所赋初值的个数来定义一个数组的长度，因此本题中数组 a 的长度为 6。

当通过赋值语句 p=a 把 a[0]的地址赋给指针变量 p 后，*(p+i)即代表变量 a[i]，因此程序中的*p 代表 a[0]，且 a[0]＝1;*(p+3)代表 a[3]，*(p+3)+=2 表示 a[3]=a[3]+2=4+2=6。

程序的运行结果为：

　　1，6

【例 7-20】 读程序，写结果。

```
#include <stdio.h>
void main()
{
    int i,a[]={1,3,5,7,9},*p=a;
    printf("%d\n",(*p++)++);
    printf("%d\n",*++p);
    for(i=0;i<5;i++)
        printf("%-4d",a[i]);
}
```

解析：

程序中定义了整型变量 i，数组 a 及指向数组 a 的指针变量 p。

(*p++)++表示先取出 p 所指向的存储单元的值作为整个表达式的值，然后再使该存储单元的值加 1，最后使 p 指向下一个存储单元。而*++p 表示先使 p 指向下一个存储单元，然后取出该存储单元的值作为整个表达式的值。

当执行第一个 printf 语句时先输出 a[0]的值 1，然后使 a[0]加 1，即 a[0]=2，最后 p 指针后移一个存储单元，即指向 a[1]。

执行第 2 个 printf 语句时，先使 p 后移一个存储单元，即指向 a[2]，然后输出其值 5。

第 3 个 printf 语句在 for 循环中，目的是输出数组元素值 a[0]、a[1]、a[2]、a[3]、a[4]，且格式输出"%-4d"为左对齐。

本程序的运行结果为：

```
1
5
2   3   5   7   9
```

【例 7-21】 编写程序，利用指向一维数组的指针变量，对于一维整型数组 a 中凡下标为 3 的整数倍（包括倍数为 0）的数组元素输出其值。即输出 a[0]，a[3]，a[6]…

程序如下：

```
#include<stdio.h>
void main()
{
    int a[10]={1,2,3,4,5,6,7,8,9,10};
    int *p;
    for(p=a;p<a+10;p++)
        if((p-a)%3==0)
    printf("%4d",*p);
    printf("\n");
}
```

解析：

程序中定义 a 为包含 10 个整型数据的数组，定义 p 为指向整型变量的指针变量。for 循环中 p=a 表示 p 指向数组 a 的首地址，表达式(p-a)%3= =0 用来判断一维数组 a 的下标为 3 的整数倍。

本程序的运行结果为：

    1   4   7   10

【例 7-22】 编写程序，利用指向字符数组的指针变量，逐个比较两个字符数组 a，b 中所存放字符串的相应字符，若相等则输出字符。

程序如下：

```
#include<stdio.h>
#include<string.h>
void main()
{
        char a[]="ABCDEFGH",b[]="AbCDefGH";
        char *p1,*p2;
        int k;
        p1=a;p2=b;
        for(k=0;k<strlen(a);k++)
            if (*(p1+k)==*(p2+k))
            printf("%c",*(p1+k));
        printf("\n");
}
```

解析：

程序中定义了两个字符数组 a 和 b，定义了两个字符指针变量 p1 和 p2。赋值语句 p1=a;p2=b;表示 p1 指向字符数组 a 的首地址，p2 指向字符数组 b 的首地址。函数 strlen()用来求字符数组 a 中所存放字符串的长度。

本程序运行结果：

    ACDGH

【例 7-23】 利用指针实现功能：已有降序排列的数列，现要求将键盘输入的一个数插入该数列中，依然保持降序排列。

程序如下：

```
#include<stdio.h>
void main()
{
        int a[11]={20,18,16,14,12,10,8,6,4,2},i,j,x;
        int *p=a;                          /* 定义指针变量 p 指向数组 a */
        printf("请输入待插入数据: ");
        scanf("%d",&x);
        j=9;
        while(j>=0&&p[j]<x)                 /* 找插入数据的位置 */
            {p[j+1]=p[j];
                j--;
            }
        p[j+1]=x;                          /* 插入数据 */
```

```
        printf("\n 插入后:\n");
        for(i=0;i<11;i++)/* 输出插入后仍然降序排列的数列  */
        printf("%5d",p[i]);
                printf("\n");
    }
```

7.6   实验 8   指针程序设计

一、实验目的与要求
1）掌握指针的概念，学会定义和使用指针变量。
2）掌握通过指针实现函数调用中的地址传递。
3）掌握通过指针访问一维数组元素。

二、实验内容
1. 改错题

1）下列程序的功能是：求出从键盘输入的字符串的实际长度，字符串中可以包含空格、跳格键等，但回车结束符不计入。例如：输入 abcd efg 后回车，应返回字符串长度 8。请纠正程序中存在的错误（程序中有 3 处错误），使程序实现其功能。

```
#include <stdio.h>
int len(char s)
{
        char *p=s;
        while (p!='\0') p++;
        return p-s;
}
void main()
{
        char s[80];
        scanf("%s",s);
        printf("\"%s\" include %d characters.\n",s, len(s));
}
```

2）下面程序的功能是：统计一字符串中各个字母出现的次数，该字符串从键盘输入，统计时不区分大小写字母。对数字、空格及其他字符都不予统计。最后在屏幕上显示统计结果。请纠正程序中存在的错误（程序中有 3 处错误），使程序实现其功能。

例如字符串："abcdefgh23 ABCDEF abc"的统计结果与输出格式为：

```
a b c d e f g h i j k l m n o p q r s t u v w x y z 出现的次数为:
3 3 3 2 2 2 1 1 0 0 0 0 0 0 0 0 0 0 0 0 0 0 0 0 0 0
#include <stdio.h>
#include <string.h>
void main()
    {
        int i, a[26];
```

```
        char ch,str[80],*p=str;
        gets(&str);                              /* 获取字符串 */
        for(i=0;i<26;i++)    a[i]=0;                    /* 初始化字符个数*/
          while(*p)
            {
              ch=(*p)++;      /* 移动指针统计不同字符出现的次数 */
              ch=ch>='A'&&ch<='Z' ?ch+'a'-'A':ch;            /* 大小写字符转换*/
              if('a'<=ch<='z')    a[ch-'a']++;
            }
        for(i=0;i<26;i++)   printf("%2c", 'a'+i);            /* 输出 26 个字母 */
          printf("出现的次数为:\n");
        for(i=0;i<26;i++)   printf("%2d",a[i]);          /* 输出各字母出现次数 */
          printf("\n");
    }
```

2．程序填空题

1）下面程序的功能是：将指针变量 s 所指字符串中的所有数字字符移到所有非数字字符之后，并保持数字字符串和非数字字符串原有的先后次序。例如，形参 s 所指的字符串为：a1b2c34d5e，执行结果为：abcde12345。请填空，使程序实现其功能。

```
#include<stdio.h>
void fun(char *s)
{   int i, j=0, k=0;
    char t1[80], t2[80];
    for(i=0; s[i]!='\0'; i++)
      if(s[i]>='0' && s[i]<='9')              /* 判断是否为数字字符 */
        {   t2[j]=s[i];
            _____;
        }
      else    t1[k++]=s[i];              /* 将非数字字符存放在 t1 数组中 */
    t2[j]=0;    t1[k]=0;
    for(i=0; i<k; i++)
    _____;
    for(i=0; i<_____; i++)
        s[k+i]=t2[i];
}
void main()
{   char   s[80]="a1b2c34d5e";
    printf("\nThe original string is:   %s\n",s);
    fun(s);
    printf("\nThe result is:   %s\n",s);
}
```

2）下面程序的功能是：将字符数组 a 的所有字符传送到字符数组 b 中，要求每传送 3 个字符后再存放一个空格，例如字符串 a 为 "abcdef"，则字符串 b 为 "abc def g"。请填写完整程序，使程序实现其功能。

```
#include<stdio.h>
void main()
{       int i,k=0;
        char a[80],b[80],*p;
        p=a;
        gets(p);              /* gets()函数的作用是从终端输入一个字符串到字符数组中 */
        while(*p)
        { for(i=1;____;p++,k++,i++)
        { if(____)    {b[k]=' ';k++;}
          b[k]=*p;
        }
        }
        b[k]= '\0';
        puts(b);              /*puts()函数的作用是将一个字符串输出到终端*/
}
```

3．编程题（要求用指针实现）

1）输入 3 个整数，按由大到小的顺序输出。

2）设计函数，用于实现函数 strlen()功能，即求字符串的长度。在函数 main()中输入字符串，并输出其长度。

7.7 习题

一、选择题

1．空指针是指（   ）。

  A．无指针值的指针

  B．不指向任何数据的指针

  C．无数据类型的指针

  D．既无指针值又无数据类型的指针

2．已知数组 s 定义为 char s[3][4]；在下面对于数组元素 s[i][j]的各种引用形式中，正确的是（   ）。

  A．*(s+i)[j]

  B．*(&s[0][0]+4*i+j)

  C．*((s+i)+j)

  D．*(*(s+i)[j])

3．已知一运行正常的程序中有这样两个语句：

  int *p1, *p2=&a;
  p1=b;

由此可知，变量 a 和 b 的类型分别是（   ）。

  A．int 和 int   B．int 和 int*

  C．int*和 int   D．int*和 int*

4. （多选）已知 i 为整型变量，下列表达式中，与下标引用 s[i] 等效的是（　　　）。

   A. *(&s[0]+i)　　　　　　　　　　B. s+i

   C. *(s+i)　　　　　　　　　　　　D. s+*i

5. 要使指针变量 p 指向一维数组 a 的第 3 个元素（下标为 2 的那个元素），正确的赋值表达式是（　　　）。

   A. p=&a　或　p =&a[2]

   B. p=a+2　或　p=&a[2]

   C. p=&a+2　或　p=a[2]

   D. p=a+2　或　p=a[2]

6. 要使指针变量 p 指向二维数组 a 的 0 行 3 列元素，正确的赋值表达式是（　　　）。

   A. p=a+3　或　p=a[0][3]

   B. p=a[0]+3　或　p=a[0][3]

   C. p=&a+3　或　p=&a[0][3]

   D. p=a[0]+3　或　p=&a[0][3]

7. 要使语句 printf("%s",str); 显示 Hello!str 正确的定义为（　　　）。

   A. char str[10]="Hello!";

   B. char str="Hello!";

   C. char str={'H','e','l','l','o','!'};

   D. #define str "Hello!";

8. 若有说明:int *p,m=5,n; 以下正确的程序段是（　　　）。

   A. p=&n;　scanf("%d",&p);

   B. p=&n;　scanf("%d",*p);

   C. scanf("%d",&n);　*p=n;

   D. p=&n; *p=m;

9. 已有变量定义和函数调用语句：int a=25; print_value(&a);下面函数的正确输出结果是（　　　）。

```
void print_value(int *t)
{ printf("%d\n",++*t);}
```

   A. 23　　　　　B. 24　　　　　　C. 25　　　　　D. 26

10. 下面程序段的输出结果是（　　　）。

```
int a[][3]={1,2,3,4,5,6,7,8,9,10,11,12},(*p)[3];
p=a;
printf("%d\n",*(*(p+1)+2));
```

   A. 3　　　　　B. 4　　　　　　C. 6　　　　　D. 7

二、填空题

1. 所谓"指针"就是_____；"&"运算符的作用是_____；
   "*"运算符的作用是_____。

2. int *p1 的含义_____。

int *p2[4]的含义是_____。

int (*p3)[4]的含义是_____。

3．执行下面的语句后，n 的值为_____。

```
int m[20], *p1=&m[5], *p2=m+17, n;
n=p2-p1;
```

4．执行下面的语句后，程序的输出是_____。

```
int m[]={1,2,3,4,5,6,7,8}, *p1=m+7, *p2=&m[2];
p1-=3;
printf("%d, %d\n",*p1,*p2);
```

5．执行下面的语句后，程序的输出是_____。

```
char s[]="345",*p=s;
printf("%c",*p++);
printf("%c",*p++);
```

6．执行下面的语句后，程序的输出是_____。

```
int a[]={1,2,3,4,5,6,7,8},*p=&a[3],*q=p+2;
printf("%d",*p+*q);
```

7．若 char *s="\t\\Shang\\Hai\n";则指针 s 所指字符串的长度为_____。

8．有函数 max(a,b)，且已使函数指针 p 指向它，则用 p 调用该函数的语句为_____。

9．设有变量定义：int a[]={1,2,3,4,5,6},*p=a+2;
试计算表达式*(p+2)*p[2]的值是_____。

10．若有定义：int a[2][3]={2,4,6,8,10,12};则 *(&a[0][0]+2*2+1)的值是_____，
*(a[1]+2)的值是_____。

三、读程序，写结果

```
1. #include<stdio.h>
   void sub(int a,int b,int *c)
   {
       *c=a-b;
   }
   void main()
   {
       int x,y,z;
       sub(20,10,&x);
       sub(9,x,&y);
       sub(x,y,&z);
       printf("%4d,%4d,%4d\n",x,y,z);
   }
```

176

2.
```c
#include<stdio.h>
void main()
{
    int x[6]={1,2,4,8,16,20},*p;
    for(p=x;p<x+5;p++)
    printf("%d\n",*(++p));
}
```

3.
```c
#include<stdio.h>
void main()
{
    int x[]={3,4,5,12,23,51,16,48,81,9};
    int s,i,*p;
    s=0;
    p=&x[0];
    for(i=0;i<10;i+=2)
        s+=*(p+i);
    printf("s=%d\n",s);
}
```

4.
```c
#include<stdio.h>
void main()
{
    static char s[]={"ABCDEF"};
    char    *p=s;
    *(p+2)+=3;
    printf("%c,%c\n",*p,*(p+2));
}
```

5.
```c
#include<stdio.h>
void main()
{
    int a[2][3]={{1,2,3},{7,8,9}},(*p)[3]=a;
    int i,j;
    scanf("%d,%d",&i,&j);
    printf("%d\n",*(*(p+i)+j));
}
```

运行时，输入 1,1

四、编程题（要求使用指针变量）

1. 删除字符串中的数字字符。例如，输入字符串 01ab2c3de45，则输出为 abcde。

2. 输入两个 2 行、3 列的整数矩阵，相加后再转置，输出最后结果。

3. 输入一个 4 行、3 列的整数矩阵，输出所有大于矩阵元素平均值的元素，并显示其所在的行与列。

第 8 章　结构体与共用体

8.1　结构体

8.1.1　结构体类型的定义

　　整型、实型和字符型是 C 语言的基本数据类型，本章介绍的结构体类型是用户根据实际需要把不同类型的数据组合在一起构造出的一种新的数据类型。

　　假设通过学号、姓名、性别、年龄和入学成绩来描述一个学生，分别以标识符 number（字符串）、name（字符串）、sex（字符）、age（整型）和 score（整型）表示。由这些不同类型的数据组合在一起，描述学生这一特定类型的对象。这是一种根据实际需要产生的、新的数据类型，称为结构体类型，根据其所描述的对象，可以将其命名为 student 结构体类型。

　　C 语言规定了定义结构体类型的方法，以下是 C 程序中定义 student 结构体类型的语句：

```
struct student
  {
    char number[6];
    char name[20];
    char sex;
    int age;
    float score;
  };
```

　　其中，struct 为定义结构体类型的关键字，student 为所定义的结构体类型名。结构体类型名由用户命名，但须符合标识符的命名规则。花括号内所定义的变量称为结构体成员，它们构成了所定义的结构体类型的特征。结构体类型 student 的特征由结构体成员 number[]、name[]、sex、age 和 score 共同描述。最后，以 ";" 表示定义结构体类型语句结束。

　　由此，可以得到定义结构体类型的一般格式：

```
struct 结构体类型名
  {
      结构体成员表列
  };
```

　　上述 student 是由用户自己定义的数据类型名，与 int、 char、float 等类型说明符一样，本身不能直接参与数据处理，必须通过定义 student 类型的变量，才能参与程序运行。

8.1.2 结构体变量的定义和引用

1. 结构体变量的定义

定义结构体类型变量的一般格式为：

    struct 结构体类型名 变量名;

例如，语句：

    struct student s1,s2;

定义了两个 student 类型的变量 s1 和 s2，并且由 C 编译程序为 s1、s2 分配存储单元。假定存储单元的起始地址为 2000H，则理论上 s1 在内存中的存储情况如图 8-1 所示。

图 8-1　结构体变量 s1 在内存中的存储

由图 8-1 可知，结构体变量 s1 存储的起始地址为 2000H，s1 所占内存的大小就是 s1 的各成员所占内存的总和，共计 35B。实际上，为了提高访问内存的效率，C 语言结构体存储时有对齐的问题，这与 CPU 内部的机制有关。通常对齐原则是：每个变量开始存放的地址可以除尽它们所占的字节数。因此上述结构体变量 s1 的存储空间大小为 36。

C 语言还允许在定义结构体类型的同时定义结构体类型的变量。例如：

```
struct student
        {
            char number[6];
            char name[20];
            char sex;
            int age;
            floatscore;
        }s1,s2;
```

既定义了结构体类型 student，同时又定义了 student 类型的变量 s1 和 s2。

由此，可以得到定义结构体类型的又一种格式：

```
struct  结构体类型名
    {
        结构体成员表列
    }变量名表列；
```

与整型、字符型和浮点型变量一样，可以在定义结构体类型变量的同时对其初始化。对结构体类型变量的初始化就是用初始化数据对结构体变量相应的成员作初始化。

【例8-1】 结构体变量的初始化。

```
struct student
    {
        char number[6];
        char name[20];
        char sex;
        int age;
        float score;
    } s1={"00001","Peter",'m',19,250}, s2={"00002","Betty",'m',18,268};
```

结构体变量 s1 和 s2 在定义的同时赋初值。如：s1 的成员字符数组 number 的值为"00001"，age 的值为 19，结构体变量 s2 的成员字符数组 name 的值为"Betty"、score 的值为268。

☞ 注意：

在对结构体类型变量初始化时，初始化数据和结构体成员在类型、个数和顺序上必须保持一致。

C 语言中各种数据类型的变量，都可以成为结构体类型的成员，所以结构体类型变量也可以成为结构体类型的成员。

【例8-2】 假设学生的入学成绩由语文成绩、数学成绩和外语成绩构成，分别以标识符score1、score2 和 score3 表示，则可以将入学成绩定义为结构体类型 score，并重新定义结构体类型 student。

```
struct score
    {
        int score1;
        int score2;
        int score3;
    };
struct student
    {
        char number[6];
        char name[20];
        char sex;
        int age;
        struct score stscore;
```

```
    } s1={"00001","Peter",'m',19,{75,82,93}},
      s2={"00002","Betty",'m',18,{81, 94,93}};
```

☞ **注意：**

1）遵循"定义在前、使用在后"的原则，应当将结构体类型 score 定义在前，然后才可以在定义结构体类型 student 的成员时，定义 score 类型的变量。

2）在结构体类型 student 的成员中，由语句"struct score stscore;"定义了结构体类型 score 的变量 stscore，该变量有 3 个成员 score1、score2 和 score3，在定义 student 类型变量 s1 和 s2 时，分别用初始化数据{75,82,93}和{81,94,93}对它们作初始化。结构体类型 student 的构造如图 8-2 所示，student 类型的变量 s1 和 s2 相当于图中的两行数据。

	number	name	sex	age	score.stscore		
					score1	score2	score3
s1:	00001	Peter	m	19	75	82	93
s2:	00002	Betty	f	18	81	94	93

图 8-2　结构体类型 student 和 student 类型变量 s1、s2

2. 结构体变量的引用

在 C 程序中，不允许直接整体输入和输出结构体变量，只能通过结构体变量引用其成员；但允许结构体变量整体赋值。例如，已有例 8-1 中结构体变量 s1 和 s2 的定义，则语句"scanf("%s,%s,%c,%d,%f",&s1);"及"printf("%s,%s,%c,%d,%f",s1);"是错误的，而语句"s1=s2;"是正确的。

引用结构体变量成员的格式：

　　结构体变量名.成员名

其中点号"."称为成员运算符。

以例 8-1 中的结构体变量 s1 和 s2 为例，对结构体成员的引用为：

　　s1.age=19　　s2.sex='m'

再以例 8-2 中的结构体变量 s1 和 s2 为例，对结构体成员的引用为：

　　s1.stscore.score1=75，s2.stscore.score3=93。

☞ **注意：**

因为 score1 是结构体变量 stscore 的成员，而 stscore 又是结构体变量 s1 的成员，所以由 s1.stscore 访问 s1 的成员 stscore，再由 stscore.score1 访问 stscore 的成员 score1，即结构体成员本身又是一个结构体变量，则必须逐级找到最低级的成员后才能使用。

在 C 程序中，结构体变量成员可以参与同类型变量所能进行的各种运算和操作。

【例 8-3】　参考例 8-1 中 student 类型的定义，以表的形式输出学生的信息。

```
1:    #include<stdio.h>
2:    void main()
```

```
  3:        {   struct student
  4:              {
  5:                  char number[6];
  6:                  char name[20];
  7:                  char sex;
  8:                  int age;
  9:                  float score;
 10:              } s1={"00001","Peter",'m',19,250},s2;
 11:              s2=s1;
 12:              printf("Number   Name   Sex   Age   Score\n");
 13:              printf("_____\n");
 14:              printf("%s   %s   %c   %d   %.1f\n",
 15:                      s1.number,s1.name, s1.sex,s1.age,s1.score);
 16:              printf("%s   %s   %c   %d   %.1f\n",
 17:                      s2.number,s2.name, s2.sex,s2.age,s2.score);
 18:        }
```

📝 程序说明：

第 11 行：结构体变量整体赋值。

第 14～15 行：以相应的格式输出结构体变量 s1 的各成员值，读者可以发现，结构体变量的成员在程序中的使用和同类型的变量是相同的。

第 16～18 行：参考对第 14～15 行的说明。

🎵 运行结果：

显示：

Number	Name	Sex	Age	Score
00001	Peter	m	19	250.0
00001	Peter	m	19	250.0

8.1.3 指向结构体类型数据的指针

在定义了结构体类型及结构体变量以后，C 编译程序将为结构体变量分配存储区域，而存储区域的首地址就是结构体变量的指针。以图 8-1 为例，结构体变量 s1 的存储首地址为 2000H，就是说，结构体变量 s1 的指针是 2000H。在 C 程序中，使用取地址运算符"&"就可以获得结构体变量的指针。

与整型、实型和字符型一样，可以定义结构体类型的指针变量，用于存放结构体变量的指针。

定义结构体类型指针变量的格式为：

    struct 结构体类型名 *指针变量名;

这里的结构体类型名指的是指针变量将指向的结构体变量的类型。例如，设已经定义了结构体类型 student，执行语句：

    struct student s1,s2,*p=&s1;

就定义了 student 类型的两个结构体变量 s1、s2 和 student 类型的指针变量 p，并使 p 指向结构体变量 s1 的存储地址。

如果结构体指针变量已经指向某个结构体变量，则可以通过该指针变量访问其指向的结构体变量的成员，使用格式：

  指针变量名->成员名

其中"->"称为指向运算符。

例如，设 student 类型的指针变量 p 已经指向结构体变量 s1，则：

p->number 等价于 s1.number，p->age 等价于 s1.age，p->score 等价于 s1.score。

以下 3 种用于结构体成员的形式是完全等效的：

① 结构体变量.成员名

②（*结构体指针变量）.成员名

③ 结构体指针变量->成员名

【例 8-4】 使用结构体指针变量实现例 8-3。

```
1:    #include<stdio.h>
2:    void main()
3:    {    struct student
4:             {
5:                 char number[6];
6:                 char name[20];
7:                 char sex;
8:                 int age;
9:                 float score;
10:            } s1={"00001","Peter",'m',19,250.4},
11:              s2={"00002","Betty",'f',18,268.6},*p=&s1;
12:         printf("Number   Name   Sex   Age   Score\n");
13:         printf("_____\n");
14:         printf("%s   %s       %c   %d     %f\n",
15:             p->number,p->name, p->sex,p->age,p->score);
16:         p=&s2;
17:         printf("%s   %s       %c   %d     %f\n",
18:             p->number,p->name, p->sex,p->age,p->score);
19:    }
```

📝 **程序说明：**

第 11 行：定义 student 类型指针变量 p，并使其指向结构体变量 s1。

第 14～15 行：以相应的格式输出结构体变量 s1 的各成员值，在这里，用"p->成员名"的形式取代原来"s1.成员名"的形式。

第 16 行：使指针变量 p 指向结构体变量 s2。

第 17～18 行：参考对第 14～15 行的说明。

思考题：

请读者参照本例，参考例 8-2 中 student 类型的定义，以表的形式输出学生的信息。

8.1.4 结构体数组

1. 结构体数组的定义

在定义了结构体类型后，就可以定义结构体数组。

定义结构体数组的格式：

> struct 结构体类型名 数组名[元素个数];

以前面定义的结构体类型 student 为例，执行语句：

> struct student s[10];

就定义了一个有 10 个元素的 student 类型的数组 s，数组的每个元素都是 student 类型的结构体变量，可以在 C 程序中，通过数组元素 s[i](i=0，1，2，…9)引用相应的结构体成员。

【例 8-5】 参考例 8-2 中 student 类型的定义，从键盘输入两个学生的信息，输出学生的姓名和成绩总分。

```
1:    #include<stdio.h>
2:    void main()
3:    {
4:    int i;
5:    struct score
6:    {
7:        int score1;
8:        int score2;
9:        int score3;
10:   };
11:   struct student
12:   {
13:       char name[10];
14:       char sex;
15:       int age;
16:       struct score stscore;
17:   }s[2];
18:   for(i=0;i<2;i++)
19:   {
20:       printf("Please Input name and scores\n");
21:       scanf("%s",s[i].name);
22:       scanf("%d",&s[i].stscore.score1);
23:       scanf("%d",&s[i].stscore.score2);
24:       scanf("%d",&s[i].stscore.score3);
25:   }
26:   for(i=0;i<2;i++)
27:       printf("%s: Total Score is   %d\n", s[i].name,
28:       (s[i].stscore.score1+s[i].stscore.score2+s[i].stscore.score3));
29:   }
```

程序说明：

第 5~10 行：定义结构体类型 score。

第 11~17 行：定义结构体类型 student，同时定义 student 类型的数组 s，该数组的每一个元素都是结构体变量。

第 18~25 行：根据题意，输入 s[i]的成员值。成员 name 为字符数组名，代表数组的首地址，故第 21 行不可使用取地址符 "&"，而第 22~24 行中的成员 score1~score3 为整型变量，必须使用取地址符 "&"。

第 27~28 行：输出结果。

运行结果：

第一次显示：Please Input name and scores

输入：Peter　75　82　93　<回车>

第二次显示：Please Input name and scores

输入：Betty　81　94　93　<回车>

输出：Peter: Total Score is 250

　　　 Betty: Total Score is 268

2．结构体数组的指针

结构体数组的指针就是结构体数组存储区域的首地址，可以用结构体类型的指针变量指向该地址。例如，执行语句：

```
struct student
{
        char number[6];
        char name[20];
        char sex;
        int age;
        floatscore;
}s[5],*p=s;
```

指针变量 p 指向结构体数组 s 的首地址。由定义可知，每个结构体数组元素理论上在内存中占 35B（实际上占 36B。）

如果指针变量 p 指向结构体数组 s 的首地址，则 p+i 就指向 s[i]。

【例 8-6】 用指针变量实现例 8-5 的功能。

```
1:      #include<stdio.h>
2:      void main()
3:      {
4:          int i;
5:      struct score
6:      {
7:          int score1;
8:          int score2;
9:          int score3;
10:     };
```

```
11:     struct student
12:     {
13:         char name[10];
14:         char sex;
15:         int age;
16:         struct score stscore;
17:     }s[2],*p=s;
18:     for(i=0;i<2;i++)
19:     {
20:         printf("Please Input name and scores\n");
21:         scanf("%s",(p+i)->name);
22:         scanf("%d",&((p+i)->stscore.score1));
23:         scanf("%d",&((p+i)->stscore.score2));
24:         scanf("%d",&((p+i)->stscore.score3));
25:     }
26:     for(p=s;p<s+2;p++)
27:         printf("%s: Total Score is    %d\n",
28:         p->name,(p->stscore.score1+p->stscore.score2+p->stscore.score3));
29:     }
```

📖 **程序说明：**

第 17 行：定义结构体类型 student，同时定义 student 类型的数组 s 和指向该数组的指针变量 p，并使 p 指向结构体数组 s 的首地址。

第 21～24 行：通过指针变量 p 访问结构体成员，请读者注意，其中形如 "(p+i)" 及 "&((p+i)->stscore.score2)" 处的括号不可少。

8.1.5 结构体与函数

结构体变量、结构体成员和结构体类型的指针变量都能够作为形参或实参参与函数调用。在函数调用过程中，遵循与基本数据类型变量相同的规则。

【例 8-7】 结构体变量参与函数调用的例子。

本例的程序通过函数调用实现例 8-5 的功能。

```
1:     #include <stdio.h>
2:     struct score
3:     {   int score1;
4:         int score2;
5:         int score3;
6:     };
7:     struct student
8:     {
9:         char name[10];
10:        char sex;
11:        int age;
12:        struct score stscore;
13:    };
```

```
14:     int total(struct student stud);
15:     void main()
16:     {
17:         int i;
18:     struct student s[2];
19:     for(i=0;i<2;i++)
20:     {
21:             printf("Please Input name and scores\n");
22:             scanf("%s",s[i].name);
23:             scanf("%d",&s[i].stscore.score1);
24:             scanf("%d",&s[i].stscore.score2);
25:             scanf("%d",&s[i].stscore.score3);
26:     }
27:         for(i=0;i<2;i++)
28:           printf("%s: Total Score is   %d\n", s [i].name,total(s[i]));
29:     }
30:         int total(struct student stud)
31:         {
32:             return(stud.stscore.score1+stud.stscore.score2+stud.stscore.score3);
33:         }
```

📝 **程序说明：**

第 2～13 行：结构体类型 score 和 student 的定义，因为函数 total()用到 student 类型，所以必须在函数外部定义，将结构体类型 score 和 student 定义为全局的。

第 14 行：函数 total()声明，由于函数 total()的形参是 student 类型的，所以其函数声明应当放在结构体类型 score 和 student 的定义之后。

第 28 行：在函数 printf()中调用函数 total()，调用时的实参 s[i]是 student 类型的结构体变量，与函数 total()的形参类型是一致的。结构体变量作为参数参与函数调用是合法的，但参与函数运算的是结构体变量成员。这一点，请读者注意。

第 30～33 行：定义函数 total()，用于计算结构体变量的 3 部分成绩的和。

🎼 **运行结果：**

第一次显示：Please Input name and scores

输入：Peter   75   82   93   <回车>

第二次显示：Please Input name and scores

输入：Betty   81   94   93   <回车>

显示：Peter: Total Score is 250

　　　Betty: Total Score is 268

【例 8-8】 结构体数组指针参与函数调用的例子。

本例程序实现从键盘输入学生的学号，经搜索后输出该学生的信息。

```
1:     #include <stdio.h>
2:     #include<string.h>
3:     struct student
4:     {    char number[6];
```

```
5:          char name[20];
6:          char sex;
7:          int age;
8:          int score;
9:       };
10:   struct student *search(struct student *pp,int n,char *str);
11:   void main()
12:      {
13:          struct student s[2]={{"00001","Peter",'m',19,254},
14:                               {"00002","Betty",'f',18,289}},*p;
15:          char num[6];
16:          printf("Please Input the Number of Student:\n");
17:          scanf("%s",num);
18:          p=search(s,2,num);
19:          if(p!=NULL)
20:            printf("%s,%s,%c,%d,%d\n",p->number,p->name,p->sex,p->age,p->score);
21:          else
22:            printf("No Such A Student!\n");
23:      }
24:   struct student *search(struct student *pp,int n,char *str)
25:      {
26:          int i;
27:          for(i=0;i<n;i++)
28:           if(strcmp(((pp+i)->number),str)==0)
29:             return(pp+i);
30:           else
31:            if(i==n-1)
32:             return(NULL);
33:      }
```

✍ 程序说明：

第 3～9 行：定义结构体类型 student，由于函数 search()用到 student 类型，所以将结构体类型 student 定义为全局的。

第 10 行：函数 search()声明。由于调用后返回指向 student 类型的指针，故将 search()定义为 student 类型的指针函数。

第 18 行：调用函数 search()，第 1 个实参为 student 类型的结构体数组名 s，也即是结构体数组 s 的指针，第 2 个实参为结构体数组 s 的元素个数，第 3 个实参为字符数组名，该数组存放从键盘输入的待搜索的学生学号，是字符串。

第 24～33 行：定义函数 search()，函数的第 1 个形参为 student 类型的指针变量，用于接收结构体数组的首地址，第 2 个形参为整型，用于接收结构体数组的元素个数，第 3 个形参为字符型指针变量，用于接收存放字符串的数组首地址。

第 27～32 行：结构体指针变量 pp 指向结构体数组中的元素 s[i]，通过函数 strcmp()将其 number 成员与被搜索的学生学号比较，若相等，则返回指针变量 pp 的当前指向，否则，若 pp 尚未指向结构体数组中的末元素，使 pp 指向下一个元素继续搜索，不然就说明搜索的学生不存在，则返回空指针 NULL。

🎵 运行结果：

第一次运行：

     显示：Please Input The Number of Student:

     输入： 00002 <回车>

     显示： 00002, Betty, f,18,289

第二次运行：

     显示：Please Input The Number of Student:

     输入： 00003 <回车>

     显示： No Such A Student!

☞ 注意：

结构体数组是使用最频繁的结构体类型的数据，在函数调用中，使用结构体指针变量可以方便地指向结构体数组中的元素和成员。

8.2 链表

8.2.1 动态存储管理

变量和数组必须先定义后使用，C 程序在编译时为变量和数组分配一定的存储空间。该空间一旦分配，其大小就固定不变，这种分配方式称为"静态存储分配"。

在 C 程序中，还有一种称为"动态存储分配"的内存分配方式，其存储空间不是在编译时分配的，而是在程序执行期间根据需要，通过"申请"获得存储空间，当该空间不再使用时，系统可以及时将其释放回收，然后另作他用，从而提高了内存空间的使用效率。

常用的动态内存管理函数有以下 3 个：函数 malloc()、函数 calloc()和函数 free()。

1．开辟内存空间函数 malloc()

函数 malloc()的原型为：

  void *malloc(int);

一般调用形式如下：

  (类型说明符 *)malloc(size);

功能：在内存的动态存储区中开辟一块长度为 size 字节的连续区域，size 是一个正整数。函数 malloc()的返回值为开辟内存区域的首地址，该地址为"void *"类型，即不确定的指针类型。

"类型说明符"表示开辟的内存区域将用于存储的数据类型。"(类型说明符 *)"表示把函数 malloc()的返回值，强制转换为指定类型的指针，以便该指针能够赋值给相应的指针变量。

例如：

  char *pc;

  pc=(char *)malloc(100);

表示开辟 100B 的内存空间，该空间用于存储 char 类型的数据，为了能够将开辟空间的首地址赋值给指针变量 pc，需要将函数 malloc()的返回值由"void *"型强制转换为"char *"型，函数的返回值为开辟空间的首地址，经过强制类型转换后再把该地址赋给指针变量 pc，表示 pc 指向新开辟的内存空间。

函数 malloc()不能初始化所分配的内存空间。

2．开辟内存空间函数 calloc()

函数 calloc()的原型为：

    void *calloc(int,int);

一般调用形式如下：

    (类型说明符 *)calloc(n,size);

功能：在内存动态存储区中分配 n 块长度为 size 字节的连续内存区域。函数的返回值为该区域的首地址，"(类型说明符 *)"用于函数返回值的强制类型转换。

函数 calloc()与函数 malloc()的区别在于 calloc()一次可以分配 n 块区域，每块区域的长度都为 size 个字节。

例如：

    struct stu ps;   /* 定义结构体类型指针变量 ps */
    ps=(struct stu *)calloc(2,sizeof(struct stu));

功能是：按结构体类型 struct stu 的长度分配两块连续的内存区域，并将该内存区域的首地址强制转换为 struct stu 结构体指针类型赋给指针变量 ps，表示 ps 指向新开辟的内存空间。

函数 calloc()会将所开辟内存空间中的每一位都初始化为零。

3．释放内存空间函数 free()

函数 free()的一般调用形式为：

    free(ps);

功能：释放指针变量 ps 所指向的内存空间。被释放的内存空间应是由函数 malloc()或函数 calloc()所开辟的。

8.2.2　链表简介

链表是一种动态地进行存储分配的数据结构。图 8-3 表示了一种最简单的链表结构：单向链表。

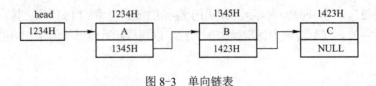

图 8-3　单向链表

图中，head 为整个链表的头指针变量，存放一个地址，该地址指向第一个元素。链表中的每个元素称为"结点"，每个结点都包括两个域：一个是数据域，存放各种实际的数据；另一个是指针域，存放下一结点的地址，最后一个结点不指向其他元素，因此其指针域存放 NULL，表示"空地址"。链表中每个结点的类型都相同，每个结点在内存中的地址可以不连续。要查找链表中的某个结点，需要从头指针 head 开始。

图 8-3 中的结点结构体类型可定义为：

```
struct node              /* 结构体类型名 */
{   char    data;        /* 数据域 */
    struct node *next;   /* 指针域 */
};
```

链表结点的数据域也可以由多个成员构成。例如，在存储学生信息的链表中，结点的数据域由多个与学生相关的信息构成，这种学生结构体类型可定义为：

```
struct StuNode
{   char num[10];
    char name[20];
    float score;
    struct StuNode *next;       /* 指针域 */
};
```

其中数据域包含 3 个成员：num、name、score。它们用来存放学生结点的学号、姓名和成绩。指针域包含 1 个成员 next，其类型为 struct StuNode 型。图 8-4 为多个数据域的单向链表。

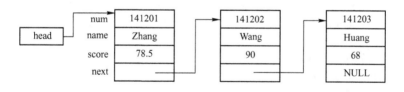

图 8-4 多个数据域的单向链表

8.2.3 链表的基本操作

链表的基本操作包括建立链表、输出链表、查找结点、插入结点和删除结点等。

1. 建立链表

建立单向链表的主要步骤：读取数据、申请存放新结点的存储空间、将数据存入结点空间和将新结点添加到链表中，重复上述操作直至结束。

首先定义头指针变量 head，并设置其初始值为 NULL，表示初始时链表为空。

定义一个指向新结点的指针变量 s，利用内存分配函数 malloc() 在内存中开辟一个结点空间用 s 指向，并通过 s 向开辟空间中存入数据即构造好一个新结点；最后将构造好的新结点插入到 head 所指的链表中即完成一个结点的插入。通过循环操作不断开辟空间构造新结点，每次构造好新结点之后都从链表的尾部或头部将其插入到链表中，直到所有数据都存入链表中为止，这时就建立好了一个链表。链表构造完成时应返回链表的头指针。

2. 输出整个链表

输出整个链表即从链表的头指针开始，按顺序依次访问链表中的每个结点，每访问到一个结点时就将该结点数据域中的内容输出。当访问到链表中的最后一个结点时，因为其指针域为空，所以可以此作为条件结束输出。

【例8-9】 建立并输出一个学生数据的单向链表。学生数据包括：学号、姓名和成绩。

```c
1:  #include <stdio.h>
2:  #include <stdlib.h>
3:  struct StuNode
4:  {   char num[10];
5:      char name[20];
6:      float score;
7:      struct StuNode *next;
8:  };
9:  struct StuNode *Create(int n)
10: {   struct StuNode *head=NULL, *pf, *pb;
11:     int i;
12:     for(i=0;i<n;i++)
13:     {   pb=(struct StuNode *)malloc(sizeof(struct StuNode));
14:         scanf("%s%s%f",pb->num,pb->name,&pb->score);
15:         pb->next=NULL;
16:         if(i==0)       head=pb;
17:         else     pf->next=pb;
18:         pf=pb;
19:     }
20:     return(head);
21: }
22: void ShowAll(struct StuNode *h)
23: {   struct StuNode *p;
24:      p=h;
25:     if(h)
26:         printf("Num\tName\tScore\n");
27:      else
28:     {   printf("链表为空！\n");
29:         return;
30:     }
31:     while(p)
32:     {
33:         printf("%s\t%s\t%3.1f\n", p->num, p->name,p->score);
34:         p=p->next;
35:     }
36: }
37: void main()
38: {   int n;
39:     struct StuNode *head;
40:     printf("Please input the number of student：\n");
```

```
41:        scanf("%d", &n);
42:        head=Create(n);
43:        ShowAll(head);
44:    }
```

✍ 程序说明：

第 2 行：开辟存储空间函数 malloc()包含在头文件 stdlib.h 中。

第 3～8 行：链表结点类型定义。

第 9～21 行：创建链表。

第 13～15 行：使指针变量 pb 指向新开辟的存储空间，即使 pb 指向新结点；将输入的数据存入新开辟的空间；新结点的指针域赋值为 NULL。

第 16～17 行：如果是第一个结点，则头指针 head 指向 pb 所指向的结点，即头指针指向第 1 个结点；否则，插入新结点到链表尾部。

第 18 行：移动链表的尾指针。

第 20 行：返回链表的头指针。

第 22～36 行：输出所有链表结点。

第 37～44 行：主函数 main()，定义头指针 head，输入学生人数，调用指针函数 Create() 建立链表，调用函数 ShowAll()输出整个链表。

🖐 运行结果：

```
Please input the number of student：3
101 Zhang 89.5
102 Wang 90
103 Huang 78.5
Num       Name      Score
101       Zhang     89.5
102       Wang       90.0
103       Huang     78.5
```

3. 查找结点

查找某个结点即从链表的头指针开始，按顺序依次访问链表中的各个结点，每访问到一个结点，就将查找关键字与当前结点数据域中的对应内容进行比较。如果相等则说明查找成功，就可将当前结点数据域中的内容全部输出；如果不等则移动指针继续查看下一个结点。如果访问到链表中的最后一个结点仍未发现任何结点的数据域内容和待查关键字相等，则结束查找过程并给出查找不成功的提示，这说明链表中不存在要查找的结点。

4. 插入结点

插入结点到链表中的过程如图 8-5 所示。先为新结点申请存储空间用，并将结点数据存入数据域。图中 head 是头指针，p 和 s 是指向结点的指针变量，指针域用 next 表示，最后一个结点的指针域 ∧ 表示 NULL。实现插入结点的操作可使用两条语句完成：

① s->next=p->nex;

② p->next=s;。

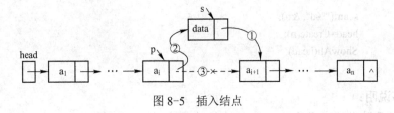

图 8-5　插入结点

5. 删除结点

删除结点必须先查找到该结点及其直接前驱结点，并分别用指针指向，如图 8-6 所示。指针变量 p 指向待删除结点的前驱结点，s 指向待删除结点。则删除结点的过程通过两条语句可实现：

① p->next=s->next

② free(s)。

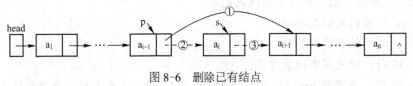

图 8-6　删除已有结点

8.3　共用体

共用体也是一种构造的数据结构类型，将多个不同类型的数据组合在一起。但与结构体不同的是，共用体变量所占用内存空间的字节数并不是它的各个成员所需内存空间的总和，而是把它的所有成员单独占用内存空间所需的最大字节数作为整个共用体变量所需内存空间的大小。也就是说，共用体变量每个成员共用一段存储空间，在同一时刻，只有一个成员起作用。

8.3.1　共用体变量的定义

共用体类型及变量的一般定义形式为：

```
union  共用体名
{
        成员表列;
} 变量表列;
```

例如：

```
union data
{    int i;
     char ch;
     float f;
} a1, b1;
```

8.3.2　共用体变量的引用

共用体变量必须先定义后使用。不能直接引用共用体变量，而只能引用共用体变量中的成员。其一般引用形式为：

共用体变量.成员名

例如上述共用体变量 a1 和 b1 的引用方式：

a1.i——引用共用体变量 a1 中的整型变量 i

a1.ch——引用共用体变量 a1 中的字符变量 ch

b1.f——引用共用体变量 b1 中的实型变量 f

注意：以上 3 个成员是不能同时引用的，因为共用体中的这 3 个成员共用同一段内存空间，这段空间在每个时刻都只能存储一个成员数据，它们是分时使用这段内存空间的。

如果对 a1.i 赋值，就会将先前存放在这段空间中的数据覆盖，如果又对 b1.f 赋值，则存储空间中就只有 b1.f 的值。其他情况可以依次类推。

【例 8-10】 共用体变量的引用。

```
1:    #include <stdio.h>
2:    void main()
3:    {   union data
4:        {   int a;
5:            int b;
6:            float c;
7:        } vu;
8:        vu.a=3; vu.b=4; vu.c=8;
9:        printf("%d\n",vu.a);
10:       printf("%.1f\n",vu.c);
11:   }
```

📝 **程序说明：**

第 3～7 行：共用体类型与变量的定义。

第 8 行：给 3 个共用体变量成员赋值。

第 9 行：输出不确定 vu.a 的值。这是由于第 8 行的最后一条赋值语句 vu.c=8 是为 float 型的成员 c 赋值，此时共用体空间是 float 数据占用，而成员 a 是整型数据，所以无法获得正确结果。

第 10 行：输出 vu.c 的值为 8.0，根据格式控制符保留 1 位小数。

关于共用体的几点说明：

● 共用体变量成员共用一段存储空间，即每个成员的地址都是同一地址。

● 共用体变量成员在同一时刻只有一个成员起作用。在存入一个新成员后，原有成员就失去作用。起作用的是最后一次存放的成员。

● 共用体变量不可以作为函数参数。

8.4 类型说明符 typedef

C 语言不仅提供了丰富的数据类型，而且允许用户为已经存在的数据类型名取一个新名字。类型说明符 typedef 就是用来完成此功能的。typedef 定义的一般形式为：

typedef 类型名 标识符；

其中，类型名为任何已有的数据类型，包括基本数据类型和构造类型；标识符是用户为已有的类型取的一个新名字。例如，有如下变量定义语句：

int a,b;

其中 int 是整型变量的类型说明符。int 的完整英文写法为 INTEGER，为了增加程序的可读性，可把整型说明符用 typedef 定义为：

typedef int INTEGER;

在此说明之后就可用 INTEGER 来代替 int 作整型变量的类型说明了。

例如：INTEGER a,b;   等效于 int a,b;

用 typedef 定义数组、指针、结构体等类型将带来很大的方便，不仅使程序书写简单而且使意义更为明确，因而增强了可读性。

例如：typedef char NAME[20]; 表示 NAME 是字符数组类型，数组长度为 20，然后可用 NAME 说明变量。

例如：NAME a1,a2,s1,s2;   等效于   char a1[20],a2[20],s1[20],s2[20];

又如： typedef struct student
        {
            char name[20];
            int age;
            char sex;
        } STU;

表示 STU 为新的结构体类型名，然后可用 STU 来定义结构体变量。例如：

STU body1,body2; 等效于 struct student body1,body2;

定义了两个结构体变量 body1 和 body2。

☞ 注意：

typedef 的作用仅仅是用"标识符"来代替已存在的"类型名"，并未产生新的数据类型。用 typedef 定义的新的"类型名"一般用大写字母表示，以便区别。

8.5 典型例题分析

【例 8-11】 程序中有下面关于结构体类型的说明和结构体变量的定义，则发生的情况是_____。

```
void main()
{
    struct stu
    {
        int num;
        char *name;
```

```
            char sex;
            float score;
        } boy1,boy2
        boy1.num=102;
        boy1.name="Zhang ping";
            …
    }
```

A. 编译时出错

B. 程序将顺利编译、连接、执行

C. 能顺利通过编译、连接，但不能执行

D. 能顺利通过编译，但连接出错

解析：

本程序说明了一个名为 stu 结构体的类型，说明了此结构体内允许包含的各成员的名字和各成员的类型。boy1 和 boy2 是两个结构体类型的变量。用赋值语句给结构体中的 num 和 name 两个成员赋值，name 是一个字符串指针变量。根据结构体类型说明形式，最后的分号必不可少，因此正确答案为 A。

【例 8-12】 使用结构体数组编写程序，计算学生的平均成绩。

```
#include <stdio.h>
struct    student
{       int    num;
        char    name[10];
        float    score;
}       stu[5] ={{101, "Wang Ping",80.5},
                {102,"Huang Hao",90},
                {103,"Xue Ping",70.5},
                {104,"Zhao Mei",75 },
                {105,"Jia Ming",62.5}};
void main()
{       int    i;
        float    ave,sum=0;
        for(i=0;i<5;i++)
            sum+=stu[i].score;
        ave=sum/5;
        printf("average=%.2f\n",ave);
}
```

解析：

本程序中定义了一个外部结构体数组 stu，共 5 个元素，并作了初始化赋值。在函数 main()中用 for 语句逐个累加各元素的 score 成员值，结果存在变量 sum 中，循环完毕后计算平均成绩并输出。

程序的运行结果为：

average=75.70

【例 8-13】 用结构体指针变量输出结构体数组各成员的值。

```
#include <stdio.h>
struct    student
{
        long    num;
        char    name[20];
        float    score;
} stu[3]={{102401,"Wang Ping",45},
        {102402,"Huang hao",90.5},
        {102403,"Zhao Mei",80.5}
            };
void main()
{
 struct    student    *ptr ;
        printf ("No.\t\t Name\t\tScore\n");
        for (ptr=stu;ptr<stu+3;ptr++)
            printf("%ld %18s%10.1f\n",ptr->num,ptr->name,ptr->score);
}
```

解析:

程序中定义了 struct student 结构体数组 stu 并作了初始化赋值，在 main()函数内定义了指向 student 类型的结构体数组指针变量 ptr。在循环语句 for 中，ptr 被初始化指向结构体数组 stu 的首地址，然后循环 3 次，输出 stu 数组中各成员的值。

应该注意的是，一个结构体指针变量虽然可以用来访问结构体变量结构体数组元素的成员，但是不能使它指向某一个成员。也就是说，不允许将某一个成员的地址赋予它。因此，下面的赋值是错误的:

        ptr=&stu[1].score;

指针变量 ptr 只能指向数组首地址。

程序的运行结果:

No.	Name	Score
102401	Wang Ping	45.0
102402	Huang Hao	90.5
102403	Zhao Mei	80.5

【例 8-14】 使用结构体指针变量作函数参数，编程计算一组学生的平均成绩。

```
#include <stdio.h>
struct    student
{ long    num;
   char    name[20];
  float    score;
} stu[3]={{102401,"Wang Ping",45},
        {102402, "Huang hao",90.5},
```

```
                {102403, "Zhao Mei",80.5}};
        void main()
        {       struct    student   *ptr;
                void    ave(struct    student    *ptr );
                ptr=stu;
                ave(ptr);
        }
        void    ave(struct student *ptr)
        {       int   i;
                float ave,sum=0;
                for(i=0;i<3;i++,ptr++)
                sum+=ptr->score;
                ave=sum/3;
                printf("average=%.2f\n",ave);
        }
```

解析：

此程序中定义了函数 ave()，其形参为结构体指针变量 ptr，stu 被定义为外部结构体数组，因此在整个源程序中有效。在函数 main()中定义说明了结构指针变量 ptr，并把 stu[]的首地址赋予它，使 ptr 指向 stu 数组，然后以 ptr 作实参调用函数 ave()。在函数 ave() 中完成计算平均成绩的工作并输出结果。因为本程序全部采用指针变量作运算和处理，故速度更快，程序效率更高。

程序的运行结果为：

```
        average=72.00
```

【例 8-15】 编一个程序，输入 5 名职工的姓名、基本工资和职务工资，统计并输出工资总和最高和最低的职工姓名、基本工资、职务工资及其工资总和。

```
        #include <stdio.h>
        #define N 5
        void main()
         {
           int i,max_i,min_i;
           float max,min,x1,x2;
           struct
           {
              char name[20];
              float jbgz;
              float zwgz;
           } person[N];
           for(i=0;i<N;i++)
           {
              scanf("%f,%f",&x1,&x2);
              scanf("%s",person[i].name);
              person[i].jbgz=x1;
```

```
            person[i].zwgz=x2;
        }
    max=min=person[0].jbgz+person[0].zwgz;
    max_i=min_i=0;
    for(i=1;i<N;i++)
      {
        if(max<person[i].jbgz+person[i].zwgz)
            {
                max=person[i].jbgz+person[i].zwgz;
                 max_i=i;
            }
        if(min>person[i].jbgz+person[i].zwgz)
            {
                min=person[i].jbgz+person[i].zwgz;
                min_i=i;
            }
      }
    printf("max:%s%10.2f%10.2f%10.2f\n",person[max_i].name,person[max_i].jbgz,
            person[max_i].zwgz,person[max_i].jbgz+person[max_i].zwgz);
    printf("min:%s%10.2f%10.2f%10.2f\n",person[min_i].name,person[min_i].jbgz,
            person[min_i].zwgz,person[min_i].jbgz+person[min_i].zwgz);
    }
```

解析：

程序中 5 名职工的信息用结构数组存放。用 for 循环输入 5 名职工的信息，并存入结构数组中，再用 for 循环计算并查找最大的工资总和及最小的工资总和，并记录其下标，退出该循环后利用记录的两个下标 max_i 和 min_i 输出工资总和最高和最低的职工姓名、基本工资、职务工资及其工资总和。

8.6   实验 9   结构体程序设计

一、实验目的与要求

1）掌握结构体类型变量与数组的定义和使用。

2）掌握通过结构体指针变量和结构体变量名访问结构体成员的方法。

二、实验内容

1. 改错题

1）下列程序的功能是：定义一学生结构体，输出学生的学号、姓名及成绩。请纠正程序中存在的错误，使程序实现其功能。

```
#include<stdio.h>
#include<string.h>
void main()
{
 struct student
{    int num;
```

```
            char name[20];
            float score;
      };
            student.num=1001;
            strcpy(student.name, "wanghao");
            student.score=80;
            printf("%d %s %d", student.num, student.name, student.score);
      }
```

2）下面程序的功能是：按学生姓名查询其排名和平均成绩。查询可连续进行，直到键入 0 时结束。请纠正程序中存在的错误，使程序实现其功能。

```
#include <stdio.h>
#include <string.h>
#define NUM 4
struct student
{      int rank;                /* 学生排名 */
       char name;               /* 学生姓名 */
       float score;             /* 学生成绩 */
}stu[]={ 3,"Tom",89.3,4,"Mary",78.2,1,"Jack",95.1, 2,"Jim",90.6 };
void main()
{      char str[10];
       int i;
       do
    {  printf("Entre a name:");
       scanf("%s",&str);
       for(i=0;i<NUM;i++)
          if( (strcmp(str,stu[i].name)!  =0) )
            { printf("name: %5s\n",stu[i].name);
              printf("rank:   %d\n",stu[i].rank);
              printf("average:%5.1f\n",stu[i].score);
               continue;
            }
          if(i>=NUM) printf("Not found\n");
    } while(strcmp(str,"0")!=0);
      }
```

2．程序填空题

1）下面程序的功能是：输出结构体变量 stu 所占内存单元的字节数。请把程序填写完整，使程序实现其功能。

```
#include<stdio.h>
struct studcnt
{
       int a;
       char c;
       float d;
```

```
        int b[10];
    };
void main()
{
    struct student    stu;
    printf("stu size: %d\n",____);
}
```

2）下面程序的功能是：用来统计一个班级（N 个学生）的学习成绩，每个学生的信息由键盘输入，存入结构数组 s[N]中，对学生的成绩进行优（90～100）、良（80～89）、中（70～79）、及格（60～69）和不及格（<60）的统计，并统计各成绩分数段的学生人数。请把程序填写完整，使程序实现其功能。

```
#include <stdio.h>
#define   N   30
struct    student
{
    int score;              /* 学生成绩 */
    char name[10];          /* 学生姓名 */
} s[N];
void main()
  {
    int   i, score90, score80, score70, score60, score_failed;
    for(i=0; i<N; i++)
    scanf("%d%s",____);   /* 输入 N 个学生成绩、姓名，存入数组 s 中 */
    score90=0;   score80=0;   score70=0;   score60=0;   score_failed=0;
    for(i=0; i<N; i++)
{   switch(____)
    {   case 10:
        case  9:score90++; break;
        case  8:score80++; break;
        case  7:score70++; break;
        case  6:score60++; break;
        ____: score_failed++;
    }
    }
    printf("优:%d 良:%d 中:%d 及格:%d 不及格:%d\n",score90,score80,score70,score60, score_failed);
  }
```

3．编程题

1）从键盘输入年份，输出该年 12 个月及其对应的天数。要求使用结构体，月份用英文单词表示。

2）有 10 个学生，每个学生的数据包括学号、姓名、3 门课的成绩，从键盘输入 10 个学生的数据，要求输出 3 门课的总平均成绩，以及最高分的学生的数据（包括学号、姓名、3 门课的成绩、平均分数）。

8.7 习题

一、选择题

1. 当说明一个结构体变量时系统分配给它的内存是（　　）。
   A. 各成员所需要的内存量的总和
   B. 成员中占内存量最大所需的内存
   C. 结构中最后一个成员所需内存量
   D. 结构中第一个成员所需内存量

2. 已知 int 占两个字节，有如下定义：

```
struct student
{
    int a;
    char c;
    float d;
    int b[10];
}stu;
```

则结构体变量 stu 占用内存的字节数是（　　）。
   A. 2　　　　　B. 4　　　　　C. 10　　　　　D. 27

3. 设有以下说明语句：

```
struct stu1
{
    int c;
    int d;
}studtype;
```

则以下叙述中不正确的是（　　）。
   A. struct 是结构体类型的关键字
   B. struct stu1 是用户定义的结构体类型
   C. studtype 是用户定义的结构体类型名
   D. c 和 d 都是结构体成员名

4. 设有一结构体类型变量定义如下：

```
struct data1
{
    int year;
    int month;
    int day;
};
struct student
{
    char name[20];
```

```
        char sex;
        struct date1 birthday;
    }stu1;
```

若要对结构体变量 stu1 的出生月份进行赋值，则正确的赋值语句是（   ）。

    A．month=8   B．birthday.month=8

    C．stu1..month=8   D．stu1.birthday.month=8

5．设有 30 个学生的成绩表，其中学号(int num)、姓名(char name)、成绩(int score)在下面结构体数组的定义中，不正确的是（   ）。

    A．struct student

```
    {
        int num;
        char name[10];
        int score;
    }stud[30];
```

    B．struct student

```
    {
        int num;
        char name[10];
        int score
    };
    struct student stud[30];
```

    C．struct

```
    {
        int num;
        char name[10];
        int score;
    }stud[30];
```

    D．struct stud[30]

```
    {
        int num;
        char name[10];
        int score
    };
```

6．以下函数 scanf()调用语句中对结构体变量成员的不正确引用是（   ）。

```
    struct pupil
    {
        char name[15];
        int age;
        int sex;
    }pup1[5],*p;
        p=pup1;
```

    A．scanf("%s",pup1[0].name)   B．scanf("%d",&pup1[0].age)

    C．scanf("%d",&(p->sex))   D．scanf("%d",p->age)

7．若有以下说明和定义：

```
    union dt
    {   int a;
        char b;
        double c;
    } data;
```

则以下叙述中错误的是（   ）。

    A．变量 data 的每个成员起始地址都相同

B．变量 data 所占内存字节数与成员 c 所占字节数相等

C．程序段 data.a=65; printf("%f\n",data.c); 输出结果为 65.000000

D．程序段 data.a=65; printf("%c\n",data.b); 输出结果为 A

8．若有以下定义：

```
struct student
{    int age;
        int num;
}stud1,*p;
 p=&stud1;
```

则对结构体变量 stud1 中成员 age 的不正确引用方式为（   ）。

A．stud1.age   B．student.age

C．(*p).age   D．p->age

9．已知

```
struct ss
{    int a;
        float b;
} data,*p;
```

若有 p=&data，则对 data 中成员 a 的正确引用是（   ）。

A．(*p).data   B．(*p).a

C．p->data.a   D．p.data.a

10．设有以下说明语句

```
typedef struct
{    int n;
        char ch[8] ;
} PER;
```

则下面叙述中正确的是（   ）。

A．PER 是结构体变量名   B．PER 是结构体类型名

C．typedef struct 是结构体类型   D．struct 是结构体类型名

二、填空题

1．"."称为_____运算符，"->"称为_____运算符。

2．以下程序用来输出结构体变量 stu 所占存储单元的字节数。

```
struct student
{
    int num;
    char name[20];
    float score;
}stu;
void main()
```

```
{
    printf("stu size:%d\n",sizeof(____));
}
```

3．若有定义

```
struct
{
    int a;
    int b;
} c[2]={{10,100},{20,200}},*p=c;
```

则表达式++p->a 的值为_____，表达式（++p）->a 的值为_____，表达式++(p->a) 的值为_____。

4．已知有职工结构体定义：

```
struct student
{
    int num;                 /* 工号 */
    char name[20];           /* 姓名 */
} *p;
```

用 printf 函数输出指针 p 所指向职工姓名的语句为_____。

5．若定义结构体类型 pp 如下：

```
struct pp
{
    char name[15];
    int addr[30];
    int payment;
}pp1[10],*p=pp1;
```

则 p+5 指向_____，若无参函数 f()的返回值是 pp 类型的指针，则 f()的函数声明为_____。

6．若有以下说明语句，则指针变量 p 对结构变量 pup 中 sex 域的正确引用是_____。

```
struct student
{   char name[20];
    int sex;
} pup,*p;
p=&pup;
```

7．若有以下程序段：

```
struct dent
{   int n;
    int *m;
};
```

206

```
int a=1,b=2,c=3;
struct dent s[3] = { {101,&a},{102,&b},{103,&c} };
struct dent *p=s;
```

则表达式*(++p)->m 的值是_____。

8．若有以下定义：

```
struct person
{
    char name[9];
    int age;
};
struct person c[10] = {{"John",17 },{"Paul",19 },{"Mary",18 },{"Adam",16 }};
```

则语句 printf("%c",c[2].name[0]);的输出是_____。

9．设有 3 人的姓名和年龄存在结构数组中，以下程序的功能是：_____。

```
#include<stdio.h>
static struct person
{
    char name[20];
    int age;
} person[]={"li-ming",18,"wang-hua",19,"zhang-ping",20 };
void main()
{
    int i,max,min;
    max=min=person[0].age;
    for(i=1;i<3;i++)
      if(person[i].age<max)_____;
      else if(person[i].age<min)_____;
    for(i=0;i<3;i++)
      if(person[i].age!=max_____person[i].age!= min)
    {
      printf("%s %d\n",person[i].name,person[i].age);
        break;
    }
}
```

10．若有以下程序段：

```
typedef struct
    {   long a[2];
        int b[4];
        char c[8];
    }ABC;
    ABC test;
```

则语句 printf("%d\n",sizeof(test));的输出是_____。

```
```

三、读程序，写结果

1.
```c
#include<stdio.h>

void main()
{
    struct ss
        { int x;
           int y;
          } s[2]={1,5,2,3};
    printf("%d\n",s[0].y/s[0].x*s[1].y);
}
```

2.
```c
#include <stdio.h>

struct   Contry
{        int num;
         char name[20];
}x[5]={1,"China",2,"USA",3,"France",4,"England",5,"Spanish"};
void main()
{        int i;
         for(i=3;i<5;i++)
             printf("%d%c",x[i].num,x[i].name[0]);
}
```

3.
```c
#include<stdio.h>

struct st
{
    int a;
    float b;
    char *c;
};
void main()
{
    struct st x={19,99.4,"zhang"};
    struct st *px=&x;
    printf("%d   %.1f %s\n",x.a,x.b,x.c);
    printf("%d   %.1f %s\n",px->a,(*px).b, px->c);
    printf("%c %s\n",*px->c-1,&px->c[1]);
}
```

4.
```c
#include<stdio.h>
union pw
{   int i;
    char ch[2];
} a;
void main()
{
```

208

```
        a.ch[0]=13;
        a.ch[1]=0;
        printf("%d\n",a.i);
    }
```

5．#include<stdio.h>

```
#define P printf
#define C2 "%c""""%c""""\n"
#define S2 "%s""""%s""""\n"
void main()
{
    struct st
        {
            char c[8];
            char *s;
        }s1={"cook","kele"};
    struct t
        {
            char *str;
            struct st ss1;
        }s2={"work",{"time","busy"}};
    P(C2,s1.c[0],*s1.s);
    P(S2,s1.c,s1.s);
    P(S2,s2.str,s2.ss1.s);
    P(S2,++s2.str, s2.ss1.s+2);
}
```

四、编程题

1．定义一个结构体类型，成员包括年、月、日。输入日期，显示该日在本年中是第几天？（注意闰年问题）。

2．有 5 个学生，每个学生的数据包括学号、姓名、5 门课程的成绩，从键盘输入相应的数据，输出总成绩最高和最低的学生的学号、姓名和总成绩。

第9章 文 件

9.1 概述

C 语言中的文件是指存储在外存储器（主要是磁盘）上的数据的集合，是按字节顺序排列的数据序列。C 语言形象地把这种文件称为流式文件。按文件中数据的组织形式，又可以将其分为 ASCII 码文件和二进制文件。例如，同样的一个十进制整数 15839，若以 ASCII 码文件存储，则相当于连续存储 5 个字符 '1' '5' '8' '3' '9'，占 5B。若以二进制文件存储，由于十进制数 15839 化成二进制为 11110111011111，在 VC++6.0 中占 4B。一般情况下，同样的数据文件，以 ASCII 码文件存储需要占用较大的存储空间。ASCII 码文件又称为文本文件，常用于存储需要浏览、编辑和修改的 txt 文件或源程序文件。而可执行文件、声音文件或图形、图像文件则以二进制文件存储。无论是 ASCII 码文件还是二进制文件，都以字节为存储单位。

文件是 C 程序的读、写对象，特别地，C 语言把键盘、显示器等一些计算机外部设备看作特殊的文件。在 C 程序中，所谓读文件就是由文件向内存输入数据，而写文件则是由内存向文件输出数据。

在对文件进行读、写操作时，必须知道文件的一些属性，比如文件名、文件的状态及文件当前的位置等。文件的这些属性存放在一个由系统定义的结构体类型变量中，该结构体类型名为"FILE"。在对文件进行读写的过程中，用户与该结构体变量并不发生直接的联系，而是通过一个指向结构体变量的指针变量实现文件的读、写操作，称该指针变量为 FILE 类型（文件类型）的指针变量。

每一个 FILE 类型的结构体变量只能存放一个文件的属性，如果要对多个文件进行读、写操作就必须有多个 FILE 类型的结构体变量与每一个文件对应。在用户程序中必须为每一个文件定义一个 FILE 类型的指针变量。

由于文件的数据存储在外存中，C 语言对文件的存取是通过一系列库函数来实现的，且这些库函数原型均包含在<stdio.h>头文件中。

9.2 文件的读和写

9.2.1 文件的打开和关闭

在对文件进行读写操作之前，必须先执行打开文件的操作，在读写操作结束之后，必须执行关闭文件的操作。打开文件的操作通过调用函数 fopen()完成，关闭文件的操作通过调用函数 fclose()完成。

调用函数 fopen()的格式：

> FILE *fp;   /* 定义指向该文件的 FILE 类型的指针变量 */
> fp=fopen(文件名，使用文件方式);

如果调用成功，将返回相应文件的指针，否则，返回空值 NULL。函数参数中的使用文件方式及功能说明如表 9-1 所示。

表9-1　文件使用方式及功能说明

使用文件方式	功　　能
"r"（只读）	为输入打开一个文本文件
"w"（只写）	为输出打开一个文本文件
"a"（追加）	向文本文件尾增补
"rb"（只读）	为输入打开一个二进制文件
"wb"（只写）	为输出打开一个二进制文件尾增补
"ab"（追加）	向文本文件尾增补
"r+"（读写）	为读/写打开一个文本文件
"w+"（读写）	为读/写建立一个新的文本文件
"a+"（读写）	为读/写打开一个文本文件
"rb+"（读写）	为读/写打开一个二进制文件
"wb+"（读写）	为读/写建立一个新的二进制文件
"ab+"（读写）	为读/写打开一个二进制文件

☞ 注意：

对于用 "w" 方式打开的文件只能用于写入，若该文件原本不存在，则在打开时新建一个以指定的文件名命名的新文件。若该文件已经存在，则在打开该文件时将其删去，并重新建立以原文件名命名的新文件。所以，如果希望向原文件中添加新的内容，则必须使用 "a" 方式。

调用函数 fclose()的格式：

> fclose(文件指针变量);

调用函数 fclose()后，原来的 FILE 类型的指针变量不再指向该文件，程序将无法再通过该指针变量访问该文件。如果在进行文件读写后不执行关闭文件的操作，则可能导致相关数据的丢失。

在 C 程序中使用函数 fopen()打开文件时，必须考虑由于某种原因可能导致打开文件失败的情况，并及时作出响应以避免出错。因此，在 C 程序中对文件的操作通常采用以下形式：

> FILE *fp;   /* 定义文件指针 fp */
> if((fp=fopen("myfile","r"))= =NULL)   /* 如果打开文件失败 */
> {

```
                    printf("Cannot open this file!\n");          /*  显示失败信息  */
                    exit(0);                                      /*  终止程序的运行  */
             }
         else
             {  …                                                /*按要求读/写文件的内容*/
                 fclose(fp);
             }
```

　　程序定义了一个 FILE 类型的指针变量 fp，在 if 语句中，fp 接收调用函数 fopen()后的返回值。调用函数 fopen()时，指定以只读方式打开文件 myfile，若失败，将返回空值 NULL，否则返回文件 myfile 的指针。if 条件语句对打开文件失败的情况作出处理，显示出错信息并调用函数 exit()。函数 exit()的作用是关闭所有文件，终止正在运行的程序。函数 exit()包含在头文件<stdlib.h>中。

9.2.2　读写文件的函数及应用

　　C 语言提供了若干库函数用于对文件的读写操作。这些库函数均包含在头文件<stdio.h>中。

1. 函数 fputc()和函数 fgetc()

● fputc()函数的功能是向文件输出一个字符，调用格式：

　　fputc(ch,fp);

其中，参数 ch 为待输出的字符变量，fp 为指向文件的指针变量。

如果调用成功，将返回该字符，否则，返回非 0 值。

● fgetc()函数的功能是从文件读入一个字符，其调用格式：

　　ch=fgetc(fp);

其中，字符变量 ch 接收从文件读出的字符，fp 为指向文件的指针变量。

如果调用成功，则将返回读入的字符，否则，返回非 0 值。

【例 9-1】　函数 fputc()和 fgetc()的应用。

```
1:      #include<stdlib.h>
2:      #include<stdio.h>
3:      void main()
4:      {
5:          char ch,c[4]={ 'A','B','C','D'};
6:          int i;
7:          FILE *fp;
8:          if((fp=fopen("myfile1","w"))= =NULL)
9:          {
10:             printf("Cannot open this file!\n");
11:             exit(0);
12:          }
13:          for(i=0;i<4;i++)
```

```
14:              { ch=c[i];
15:                 fputc(ch,fp);
16:        }
17:          fclose(fp);
18:          if((fp=fopen("myfile1","r"))= =NULL)
19:             {
20:               printf("Cannot open this file!\n");
21:               exit(0);
22:              }
23:            for(i=0;i<4;i++)
24:             {
25:                ch=fgetc(fp);
26:                printf("%c\n",ch);
27:              }
28:           fclose(fp);
29:        }
```

📖 程序说明：

第 1～2 行：在使用本章所介绍的函数 exit()和输入、输出函数之前，必须将相应的头文件 stdlib.h 和 stdio.h 包含进来。

第 7 行：定义文件类型的指针变量 fp，在第 8 行使其指向文件 myfile1。

第 8～12 行：通过 if 语句调用函数 fopen()。fp 接收调用函数 fopen()后的返回值。调用函数 fopen()时，指定以只写方式打开文件 myfile1，若成功，返回文件 myfile1 的指针。否则返回空值 NULL，同时，将显示出错信息并运行函数 exit()，终止程序。在调用函数 fopen()时，参数"文件名"中可以包含盘符路径，以说明文件所在的位置；参数"文件名"中也可以不包含盘符，如本例的" myfile1"，没有包含盘符，表示该文件就在当前目录下，即在该 C 源程序所在的位置。参数"w"表示"只写"方式，在"w"方式下，若文件 myfile1 原本不存在，则将新建该文件，否则，将以写入的数据覆盖原文件。

第 13～16 行：连续 4 次向文件 myfile1 中写入字符。

第 17 行：写入文件的操作结束后，调用函数 fclose()关闭文件，即关闭参数中的指针变量 fp 指向文件 myfile1。

第 18～22 行：与第 8～12 行的功能相仿，不同之处是使用只读方式"r"打开文件。

第 23～27 行：连续 4 次从文件 myfile1 中读出字符，并由函数 printf()显示字符。

第 28 行：读文件的操作结束后关闭文件。

2. 函数 fputs()和函数 fgets()

● 函数 fputs()的功能是向文件输出一个字符串，其调用格式：

    fputs(str,fp);

其中，参数 str 为待输出的字符串的指针（也可以是字符串常量），fp 为指向文件的指针变量。

如果调用成功，则将返回 0，否则，返回非 0 值。

● 函数 fgets()的功能是从文件读入 n–1 个字符，并将其存放到字符数组 str 中。如果在第 n-1 个字符之前出现了换行符 "\n" 或文件结束符 EOF（一个非 0 值），则将换行符 "\n" 作为读入的最后一个字符。其调用格式：

fgets(str,n,fp);

其中，参数则 str 为接收所读入字符串的字符数组的指针，fp 为指向文件的指针变量。如果调用成功，则将返回字符数组的指针 str，否则，返回 NULL。

【例 9-2】 函数 fputs()和 fgets()的应用。

```
1:      #include<stdlib.h>
2:      #include<stdio.h>
3:      void main()
4:      {
5:          char c[20];
6:          FILE *fp;
7:          if((fp=fopen("myfile2.txt","w"))==NULL)
8:           {
9:             printf("Cannot open this file!\n");
10:            exit(0);
11:          }
12:         printf("Please Input a String:\n");
13:         scanf("%s",c);
14:         fputs(c,fp);
15:         fclose(fp);
16:         if((fp=fopen("myfile2.txt","r"))==NULL)
17:          {
18:              printf("Cannot open this file!\n");
19:              exit(0);
20:          }
21:         printf("%s\n",fgets(c,10,fp));
22:         fclose(fp);
23:      }
```

程序说明：

第 14 行：调用函数 fputs()将输入的字符串写入文件。

第 21 行：在函数 printf()中调用函数 fgets()读出写入文件的字符串，根据参数 10 得知读出的字符串长度为 9；若文件中字符串长度不是 9，则读出所有字符。

3. 函数 fprintf()和函数 fscanf()

函数 fprintf()、fscanf()与函数 printf()、scanf()一样，也称作格式化输入输出函数，所不同的是，函数 fprintf()和函数 fscanf()的读写对象是文件。将需要读写的文件打开以后，函数 fprintf()和函数 fscanf()的使用方法与 printf()、scanf()相似。

● 函数 fprintf()的调用格式：

fprintf(文件指针, 格式字符串, 输出表列);

【例9-3】 函数 fprintf()的应用。

```
1:    #include<stdlib.h>
2:    #include<stdio.h>
3:    void main()
4:    {
5:        char ch='A';
6:        int i=100;
7:        FILE *fp;
8:        if((fp=fopen("myfile3","w"))= =NULL)
9:         {
10:            printf("Cannot open this file!\n");
11:            exit(0);
12:         }
13:        fprintf(fp,"%c,%d",ch,i);
14:        fclose(fp);
15:    }
```

✎ 程序说明:

第13行: 调用函数 fprintf()将变量 ch 和 i 的值写入文件, 参数中, 指针变量 fp 已指向打开的文件, "%c,%d"确定所写入的数据的类型, 分别与变量 ch、i 相对应。

● 函数 fscanf()的调用格式:

fscanf(文件指针, 格式字符串, 输入表列);

【例9-4】 函数 fscanf()的应用。

```
1:    #include<stdlib.h>
2:    #include<stdio.h>
3:    void main()
4:    {
5:        char ch;
6:        int i;
7:        FILE *fp;
8:        if((fp=fopen("myfile3","r"))= =NULL)
9:         {
10:            printf("Cannot open this file!\n");
11:            exit(0);
12:         }
13:        fscanf(fp,"%c,%d",&ch,&i);
14:        fclose(fp);
15:        printf("ch: %c, i: %d\n",ch,i);
16:    }
```

✎ 程序说明:

第13行: 调用函数 fscanf()从文件中按指定格式"%c,%d"读出数据, 并赋值给相应的变量 ch 和 i。

第 15 行：显示结果。

4．函数 fwrite()和函数 fread()

函数 fwrite()和函数 fread()用于按数据块来读写文件。这两个函数常应用于二进制文件。

● 函数 fwrite()的功能是向文件输出若干数据块的数据，其调用格式：

    fwrite(buffer,size,count,fp);

其中，buffer 是一个指针（地址），是需要输出的数据存储区的首地址，size 为一个数据块所占的字节数，count 为要输出的数据块的个数，fp 为指向文件的指针变量。

如果调用成功，将返回实际写入文件的数据块的个数。

● 函数 fread()的功能是从文件读入若干数据块的数据，其调用格式：

    fread(buffer,size,count,fp);

其中，buffer 是一个指针（地址），是读入数据块后，这些数据存储区的首地址，size 为一个数据块所占的字节数，count 为要读入的数据块的个数，fp 为指向文件的指针变量。

如果调用成功，将返回实际从文件读出的数据块的个数，若遇文件结束或出错，返回 0。

【例 9-5】 函数 fwrite()和 fread()的应用。

```
1:      #include<stdlib.h>
2:      #include<stdio.h>
3:      void main()
4:      {
5:      struct student
6:          {
7:          char number[6];
8:          char name[20];
9:          char sex;
10:         int age;
11:         int score;
12:         } s[2]={{"00001","Peter",'m',19,250},
13:                 {"00002","Betty",'f',18,268}};
14:      struct student ss[2];
15:      int i,j;
16:      FILE *fp;
17:      if((fp=fopen("myfile4","wb+"))==NULL)
18:          {
19:          printf("Cannot open this file!\n");
20:          exit(0);
21:          }
22:      j=sizeof(struct student);
23:      for(i=0;i<=1;i++)
24:       if(fwrite(&s[i],j,1,fp)!=1)
25:          printf("File Write Error!\n");
26:      rewind(fp);
27:      for(i=0;i<=1;i++)
```

216

```
28:          {
29:            fread(&ss[i],j,1,fp);
30:            printf("%s ,%s ,%c ,%d, %d\n",
31:                   ss[i].number,ss[i].name,ss[i].sex,ss[i].age,ss[i].score);
32:          }
33:        fclose(fp);
34:      }
```

📖 **程序说明:**

第 5～13 行: 定义结构体类型 student 及结构体数组 s, 并对数组进行初始化。

第 14 行: 定义结构体类型数组 ss, 用以存放从文件中读出的数据。

第 17 行: 为保证调用函数 fwrite()、fread()读写文件正确, 应当使用二进制文件读写方式, 这里的方式"wb+"同时支持对二进制文件的读写操作。

第 22 行: 通过 sizeof 运算符获得一个结构体类型变量所占存储区域的大小, 以此作为一个数据块。sizeof 运算符的使用格式: sizeof (数据类型说明符)。

第 23～25 行: 连续两次调用函数 fwrite(), 分别将结构体变量 s[0]和 s[1]的存储区域作为数据块写入文件, fwrite()中的参数 "&s[i],j,1,fp" 分别指示 s[i]的存储地址、数据块的大小(字节数)、"1" 表示每次写入一个数据块、fp 为指向文件的指针变量。调用函数 fwrite()后的返回值为所写入的数据块个数。第 24 行的 if 语句在调用函数 fwrite()后, 判断返回值是否为 1, 在不是 1 的情况下, 输出出错信息(请读者参考有关调用函数 fwrite()后返回值的叙述)。

第 26 行: 文件指针变量 fp 的指向随读写操作由文件的头部移向尾部。而调用函数 rewind()可使文件指针变量 fp 的指向回到起始位置。请读者参考本节后面的相关内容。

第 27～32 行: 连续两次调用函数 fread(), 分别从文件中读出数据块并存入结构体变量 ss[0]和 ss[1], fread()中的参数 "&ss[i],j,1,fp" 分别指示 ss[i]的存储地址、数据块的大小(字节数)、"1" 表示每次读出一个数据块、fp 为指向文件的指针变量。调用函数 fread()后的返回值为所读出的数据块个数。

🎵 **运行结果:**

显示: 00001,Peter,m,19,250
　　　 00002,Betty,f,18,268

5. 函数 fseek()、函数 ftell()和函数 rewind()

函数 fseek()、函数 ftell()和函数 rewind()用于实现对文件的随机读写。

● 函数 fseek()的功能是使 FILE 指针变量指向文件中指定的位置, 其调用格式:

　　fseek(文件类型指针变量名,位移量,起始点);

其中, 文件类型指针变量名为指向该文件的指针变量, 起始点用数字表示:

0——文件的开始处; 1——文件指针变量指向的当前位置; 2——文件的末尾。位移量以字节数表示, 如果其大于 0, 表示从文件头部向文件尾部的方向计字节数, 否则, 按从文件尾部向文件的头部方向计字节数。

如果调用函数 fseek()成功, 返回 0, 否则返回非 0 值。

● 函数 ftell()的功能是检测文件指针变量的当前指向, 其调用格式:

ftell(文件类型指针变量名);

其中，文件类型指针变量名为指向该文件的指针变量。

如果调用函数 ftell()成功，返回文件指针变量当前的指向相对于起始位置的位移量，以字节数表示，否则返回-1。

如果只是要判断文件指针是否已经指向文件末尾，可以直接调用函数 feof(fp)。如果遇到文件结束，函数返回 1，否则返回 0。参数 fp 为指向文件的指针变量。

● 函数 rewind()的功能是使文件指针变量重新指向文件的开始位置，其调用格式：

rewind(文件类型指针变量名);

其中，文件类型指针变量名为指向该文件的指针变量。函数 rewind()调用后无返回值。

【例 9-6】 从例 9-5 的文件 myfile4 中直接读出 s[1]的信息。

```
1:      #include<stdlib.h>
2:      #include<stdio.h>
3:      void main()
4:      {
5:          struct student
6:              {
7:                  char number[6];
8:                  char name[20];
9:                  char sex;
10:                 int age;
11:                 int score;
12:             } s[2];
13:         FILE *fp;
14:        if((fp=fopen("myfile4","rb+"))==NULL)
15:        {
16:            printf("Cannot open this file!\n");
17:            exit(0);
18:        }
19:        fseek(fp,1* sizeof(struct student),0);
20:        fread(&s[1], sizeof(struct student),1,fp);
21:        printf("%s ,%s ,%c ,%d, %d\n",
22:        s[1].number,s[1].name,s[1].sex,s[1].age,s[1].score);
23:         printf("%d\n",ftell(fp));
24:        fclose(fp);
25:     }
```

📝 程序说明：

第 19 行：调用函数 fseek()，使文件指针变量指向所要求的位置。文件中有 s[0]和 s[1]两个结构体数据，各占一个数据块，文件类型指针变量 fp 的起始位置指向 s[0]，若要其指向 s[1]则需要从当前位置向尾部移动一个数据块，相应的字节数为 1* sizeof(struct student)，参数中的 0 表示以文件指针变量 fp 的当前位置为起始点。

第 23 行：在函数 printf()中调用函数 ftell()用以输出文件指针变量 fp 当前的指向，返回值为当前指向相对于起始位置的位移量，以字节数表示。由于文件中一个数据块占 36B（其中 int 占 4B，另外还有 1B 是结构体数据在内存中存储的对齐问题），读出第 2 个数据块后 fp 指向其尾部，相对于文件起始位置的位移量为 72B。

🎵 运行结果：

显示：　　00002, Betty, f, 18, 268
　　　　　72

9.2.3　文件读写中的检测函数

在使用前面所介绍的各种函数对文件进行读写操作时，可以借助调用函数后的返回值判断函数调用的成功与否。此外，C 语言还提供两个函数 ferror()和 clearerr()，用以对文件读写操作过程中的出错情况进行检测。对于文件是否处于结束位置，则用函数 feof()进行检测。

- 函数 ferror()用于在调用输入、输出函数（如：fputc()、fputs()、fgetc()、fgets()等）以后，立即检查调用的结果，如果 ferror()的返回值为 0，表示调用输入、输出函数成功，否则表示出错。函数 ferror()的调用格式：

  ferror(fp);

其中 fp 为指向文件的指针变量。

- 函数 clearerr()用于清除文件错误标志并置文件结束标志为 0。在调用函数 ferror()以后，如果出现调用输入、输出函数错误，将返回一个非 0 值作为错误标志，该标志始终存在，除非对同一文件调用函数 clearerr()或函数 rewind()，或再次调用输入、输出函数。函数 clearerr()的调用格式：

  clearerr(fp);

其中 fp 为指向文件的指针变量。

- feof()用于判断文件是否处于文件结束位置，若文件结束，则返回值为非零值，否则返回值为 0。函数 feof()的调用格式：

  feof(fp);

其中 fp 为指向文件的指针变量。

在开发 C 语言应用程序的过程中，文件读写是很重要的方面，读者应根据实际需要，将文件操作与不同的数据结构灵活结合，并运用结构化程序设计方法，通过实践不断总结，才能真正掌握使用文件的方法。

9.3　典型例题分析

C 语言将文件看成字符（字节）的序列。根据数据的组织形式，可分为 ASCII 码文件（文本文件）和二进制文件。即一个 C 文件就是一个字节流或二进制流。表 9-2 列出了常用的有关文件操作的函数。

表 9-2　常用的有关文件操作的函数

分　　类	函　数　名	功　　能
打开文件	fopen()	打开文件
关闭文件	fclose()	关闭文件
文件定位	fseek()	改变文件的位置指针的位置
	rewind()	使文件位置指针重新置于文件开头
	ftell()	返回文件位置指针的当前值
文件读写	fgetc() , getc()	从指定文件取得一个字符
	fputc(), putc()	把字符输出到指定文件
	fgets()	从指定文件读取字符串
	fputs()	把字符串输出到指定文件
	fread()	从指定文件中读取数据项
	fwrite()	把数据项写到指定文件
	fscanf()	从指定文件按格式输入数据
	fprintf()	按指定格式将数据写到指定文件中
文件状态	feof()	若到文件末尾，函数值为"真"(非 0)
	ferror()	若对文件操作出错，函数值为"真" (非 0)
	clearerr()	使 ferror 和 feof 函数值置 0

【例 9-7】　编写程序，从键盘输入一行字符串，将其中的小写字母全部转换成大写字母，然后输出到一个磁盘文件"test"中保存。

解析：

在 C 程序中对文件进行操作，就是指从文件中读取数据或向文件中写入数据，一般包括 3 个步骤：

① 建立或打开文件；

② 从文件中读取数据（读文件）或向文件中写入数据（写文件）；

③ 关闭文件。

程序如下：

```
#include<stdlib.h>
#include <stdio.h>
void main()
{   FILE *fp;
    char str[100];
    int i;
    if((fp=fopen("test","w"))= =NULL)
     {
            printf("Cannot open the file.\n");
            exit(0);
     }
    printf("Input a string:");
    gets(str);                              /*  读入一行字符串  */
    for(i=0;str[i]&&i<100;i++)              /*  处理该行中的每一个字符  */
```

220

```
            {
                if(str[i] >='a'&& str[i]<='z')           /*  若是小写字母  */
                    str[i]-='a'-'A';                      /*  将小写字母转换为大写字母  */
                    fputc(str[i],fp);                     /*  将转换后的字符写入文件  */
            }
            fclose(fp);                                   /*  关闭文件  */
            fp=fopen( "test","r");                        /*  以读方式打开文本文件  */
            fgets(str,100,fp);                            /*  从文件中读入一行字符串  */
            printf("%s\n",str);
            fclose(fp);
        }
```

【例 9-8】 编程建立一个文件，从键盘输入一串字符到该文件，并以"$"字符作为结束标志，关闭该文件。然后重新打开该文件，从文件中读取每个字符输出到屏幕显示。

解析：

本程序实际上分两部分：一是从键盘输入文本并写入到文件，结束后关闭文件。二是重新打开文件，从文件中读取每个字符并输出到屏幕显示。

程序如下：

```
        #include<stdlib.h>
        #include <stdio.h>
        void main()
        {
            FILE *fp;
            char ch,fname[20];
            printf("Input file name:\n");
            scanf("%s",fname);                            /*从键盘输入文件名 */
            if((fp=fopen(fname,"w"))==NULL)               /*判断打开文件是否成功*/
              {
                    printf ("cannot open file\n");
                    exit(0);                              /*若打开文件不成功，结束程序*/
              }
            printf("please input text:\n");
            while((ch=getchar())!='$')                    /*循环接受字符，直到结束标志"$" */
            fputc(ch,fp);                                 /*循环将字符写入到文件*/
            fclose(fp);                                   /*关闭文件*/
            printf ("\n The file %s is about:\n",fname);
            if((fp=fopen(fname, "r"))==NULL)              /*重新打开文件*/
              {
                    printf("cannot open file.\n");
                    exit(0);
              }
            while(!feof(fp))                  /*循环输出文件字符，由 feof 函数判断文件是否结束*/
              {
                    ch=fgetc(fp);                         /*从文件读入字符*/
                    putchar(ch);                          /*将字符输出到屏幕显示*/
```

```
        }
        fclose(fp);                        /*关闭文件*/
    }
```

【例9-9】 编写程序，从键盘输入 3 个学生的数据：学号、姓名、年龄和地址，将它们存入文件 student 中；然后再从文件中读出数据，显示在屏幕上。

解析：

该程序对文件的读写操作采用数据块读写函数：函数 fread()和函数 fwrite()。这两个函数通常用来对二进制文件进行输入和输出，所以程序中以"wb"和"rb"的方式打开文件。

程序中函数 fread(&out,sizeof(out),1,fp)，其第 2、第 3 个参数合起来的意思是：本次读操作要读入 1* sizeof(out)个字节长度的数据；第 1 个参数是读入数据所存放的地址。

程序如下：

```c
#include<stdlib.h>
#include<stdio.h>
#define SIZE 3
struct student                              /* 定义结构体 */
{
    long num;
    char name[10];
    int age;
    char address[20];
} stu[SIZE],out;
void fsave()
{
    FILE *fp;
    int i;
    if((fp=fopen("student","wb"))==NULL)    /* 以二进制写方式打开文件 */
    {
        printf("Cannot open file.\n");      /* 打开文件的出错处理 */
        exit(0);                            /* 出错后返回，停止运行 */
    }
    for(i=0;i<SIZE;i++)                     /* 将学生的信息（结构）以数据块形式写入文件 */
        if(fwrite(&stu[i],sizeof(struct student),1,fp)!=1)
            printf("File write error.\n");  /* 写过程中的出错处理 */
    fclose(fp);                             /* 关闭文件 */
}
void main()
{
    FILE *fp;
    int i;
    for(i=0;i<SIZE;i++)                     /* 从键盘读入学生的信息(结构) */
    {
        printf("Input student %d:",i+1);
        scanf("%ld%s%d%s",&stu[i].num, stu[i].name, &stu[i].age,stu[i].address);
    }
```

```
        fsave();                            /*调用函数保存学生信息 */
        fp=fopen("student","rb");           /*以二进制读方式打开数据文件 */
        printf("No\tName\tAge\tAddress\n");
        while(fread(&out,sizeof(out),1,fp))  /*以读数据块方式读入信息 */
            printf("%ld\t%s\t%d\t%s\n", out.num,out.name,out.age,out.address);
        fclose(fp);                          /* 关闭文件 */
}
```

程序运行结果：

```
Input student 1:1 wang 19 shanghai
Input student 2:2 zhang 20 beijing
Input student 3:3 huang 21 guangzhou
No        Name       Age        Address
1         wang       19         shanghai
2         zhang      20         beijing
3         huang      21         guangzhou
```

【例 9-10】 使用例 9-9 建立的学生文件 student，编程读出第 3 个学生的数据。

解析：

本程序主要学习函数 fseek()和函数 rewind()的使用。函数 rewind()的作用是使位置指针重新返回文件的开头。函数 fseek()的功能是将文件的位置指针移动到文件的任意位置，以实现随机读取。

程序中定义了 boy 为 stu 类型变量，qq 为指向 boy 的指针变量。以读二进制文件方式打开文件，用函数 fseek()移动文件位置指针，从文件头开始，移动两个 stu 类型的长度，然后再读出的数据即为第 3 个学生的数据。

程序如下：

```
#include<stdlib.h>
#include<stdio.h>
struct stu
{
        long num;
        char name[10];
        int age;
        char addr[20];
} boy,*qq;                                  /*定义 boy 为 stu 类型变量*/
void main()
{
        FILE *fp;
        char ch;
        qq=&boy;                            /* qq 为指向 boy 的指针*/
        if((fp=fopen("student","rb"))==NULL) /*以读二进制文件方式打开文件*/
    {
        printf("Cannot open file!\n");
        exit(0);
```

```
        }
        rewind(fp);
        fseek(fp,2*sizeof(struct stu),0);              /*文件指针从文件头移动两个 stu 类型的长度*/
        fread(qq,sizeof(struct stu),1,fp);             /*读出第 3 个学生的数据*/
        printf("\n No\tName\tAge\tAddress\n ");
        printf("%ld\t%s\t%d\t%s\n",qq->num,qq->name,qq->age,qq->addr);
    }
```

程序运行结果：

```
No      Name    Age     Address
3       huang   21      guangzhou
```

9.4　实验 10　文件程序设计

一、实验目的与要求

1）掌握文件与文件指针的概念。

2）学习使用文件打开、文件关闭、读写文件等基本的文件操作函数。

二、实验内容

1．改错题

1）下列程序的功能为：由终端键盘输入字符，存放到文件中，用"#"结束输入。请纠正程序中存在的错误（程序中有 3 处错误），使程序实现其功能。

```
#include<stdlib.h>
#include<stdio.h>
void main()
{
    FILE *fp;
    char ch,fname;
    printf("Input name of file\n");
    gets(fname);
    if((fp=fopen(fname,"w"))!=NULL)
    {
        printf("cannot open\n");
        exit(0);
    }
    printf("Enter data:\n");
    while((ch=getchar())='#')
    fputc(ch,fp);
    fclose(fp);
}
```

2）下列程序的功能为：将磁盘中当前目录下名为"ccw1.txt"的文本文件复制在同一目录下文件名为"ccw2.txt"的文件中。请纠正程序中存在的错误（程序中有 3 处错误），使程序实现其功能。

```
#include<stdio.h>
#include<stdlib.h>
void main()
 {
    FILE rp,wp;
    int c;
    if((rp=fopen("ccw1.txt","w"))==NULL)
      {
          printf("Can't open file %s.\n","ccwl.txt");
          exit(0);
      }
    if((wp=fopen("ccw2.txt","r"))==NULL)
      {
          printf("Can't open file %s.\n","ccw2.txt");
          exit(0);
      }
    while((c=fgetc(rp))!= EOF)
        fputc( c,wp);
    fclose(wp);
    fclose(rp);
 }
```

2．程序填空题

1）下面程序的功能是：将输入的一组学生姓名和两门成绩顺序存入磁盘文件中。请填写完整程序，使程序实现其功能。

```
#include<stdio.h>
void main()
 {
    char filename[20], name[20];
    FILE *fp;
    int i,n,s1,s2;
    float av;
    printf("Please input filename: ");
    gets(filename);
    printf("Input student number: ");         /*输入学生个数*/
    scanf("%d",&n);
    _____;                 /*以写方式打开文件*/
    for (i=1;i<=n;i++) {
      printf("%d: ",i);
      scanf("%s%d%d",name,&s1,&s2);
      _____;               /*将输入的数据写入文件*/
    }
    _____;                              /*关闭文件*/
 }
```

运行结果：

输入存盘的文件名：student.dat
输入学生人数：4✓

      1: liuming   80   68✓
      2: zhanghong   78   95✓
      3: jiamin   66   88✓
      4: zhaodong   90   89✓

程序运行结束后，文件 student.dat 的内容如下：

```
liuming  80  68
zhanghong  78  95
jiamin  66  88
zhaodong  90  89
```

2）下面程序的功能是：从磁盘文件 student.dat 中读取学生姓名和两门成绩，计算平均成绩，并将姓名、单科成绩和平均成绩存入另一个磁盘文件中。请填写完整程序，使程序实现其功能。

```c
#include<stdio.h>
#include<stdib.h>
void main()
{
    char filename1[20], filename2[20], name[20];
    FILE *fp1,*fp2;
    int s1,s2;
    float av;
    printf("Input filename: ");              /*输入读取数据的文件名*/
    gets(filename1);
    if((fp1=fopen(filename1, "r"))==_____)
    {
        printf("cannot open the file! ");
        exit(1);
    }
    printf("Input save filename: ");           /*输入存盘的文件名*/
    gets(filename2);
    fp2=_____;                 /*以写方式打开文件*/
    while(_____)
    {
        fscanf(fp),_____,name,&s1,&s2);
        av=_____;                    /*计算平均成绩*/
        fprintf(fp2, "%s %d %d %.2f \n",_____);
    }
    _____;                      /*关闭文件 fp1*/
    _____;                      /*关闭文件 fp2*/
}
```

运行结果：

226

輸入讀取數據的文件名：student.dat↙

輸入存盤文件名：average.dat↙

程序運行結束後，文件 average.dat 的內容如下：

```
liuming    80  68  74.00
zhanghong  78  95  86.50
jiamin     66  88  77.00
zhaodong   90  89  89.50
```

3. 編程題

1）編寫程序，統計一個文本文件 data.txt 中的數字字符的個數，並輸出統計結果。

2）有兩個磁盤文件"A"和"B"，各存放一行字母，要求把這兩個文件中的信息合並（按字母順序排列），輸出到一個新文件"C"中。

9.5 習題

一、選擇題

1．默認狀態下，系統的標準輸入文件（設備）是指（   ）。

    A．硬盤   B．鍵盤   C．軟盤   D．顯示器

2．默認狀態下，系統的標準輸出文件（設備）是指（   ）。

    A．硬盤   B．鍵盤   C．軟盤   D．顯示器

3．在 C 語言中，下列關於文件的結論中只有（   ）是正確的。

    A．對文件操作必須先打開文件   B．對文件的操作順序沒有統一規定

    C．對文件操作必須先關閉文件   D．以上都不正確

4．函數 fseek()用來移動文件的位置指針，它的調用形式是（   ）。

    A．fseek(文件指針,位移量,起始點)   B．fseek(文件指針,位移方向,位移量)

    C．fseek(位移方向,位移量,文件指針)   D．fseek(文件指針,起始點,位移量)

5．如果要用 fopen()建立一個新的二進制文件，該文件要求能夠讀也能夠寫，則打開文件方式應該是（   ）。

    A．"ab+"   B．"wb+"   C．"rb"   D．"ab"

6．若調用函數 fputc()輸出字符成功，則其返回值是（   ）。

    A．1   B．EOF   C．輸出的字符   D．0

7．在程序中需要打開 A 盤上 user 子目錄下名為 abc.txt 的文本文件進行讀、寫操作，下面符合此要求的調用函數語句是（   ）。

    A．fopen("A:\user\abc.txt","r")   B．fopen("A:\\user\\abc.txt","r+")

    C．fopen("A:\user\abc.txt","w")   D．fopen("A:\\user\abc.txt","rb")

8．當順利執行了文件關閉操作時，函數 fclose()的返回值是（   ）。

    A．1   B．TURE   C．0   D．-1

9．已知函數的調用形式：fread(buffer,size,count,fp); 其中 buffer 代表的是（   ）。

    A．一個指針，指向要讀入數據的存放地址

B．一个整形变量，代表要读入的数据项总数

C．一个文件指针，指向要读的文件

D．一个存储区，存放要读的数据项

10．函数 rewind 的作用是（　　　）。

A．使位置指针重新返回文件的开头

B．将位置指针指向文件中所要求的特定位置

C．使位置指针指向文件的末尾

D．使位置指针自动移动到下一个字符位置

二、填空题

1．在 C 程序中，数据可以用_____和_____两种代码方式存放。

2．在 C 程序中，文件可以用_____方式存取，也可以用_____方式存取。

3．在 C 语言中，文件的存取是以_____为单位的，这种文件被称为_____文件。

4．若 fp 已正确定义为一个文件指针，abc.dat 为二进制文件，则 fp=fopen(_____);可以为"读"而打开此文件。

5．函数 feof(fp)用来判断文件是否结束，如果遇到文件结束，函数值为_____，否则为_____。

6．如果文件型指针 fp 指向的文件刚刚执行了一次读操作，且读操作没有发生错误，则表达式"ferror(fp)"的返回值为_____。

7．函数调用语句"fseek(fp,-10L,2);"的含义是_____。

8．下面程序的功能是：用变量 num 统计文件中字符的个数。请填写完整程序，使程序实现其功能。

```c
#include<stdlib.h>
#include<stdio.h>
void main()
 {
     FILE *fp;
     long num=0;
     if((fp=fopen("letter.dat",_____))==NULL)
      {
          printf("can't open file\n");
          exit(0);
      }
     while(!feof(fp))
      {
          _____;
          _____;
      }
  printf("num=%ld\n",num-1);
  fclose(fp);
 }
```

9．下面的程序的功能是：把 g1 文件的内容复制到 g2 文件中，然后将 g1 文件的内容显示在屏幕上。请填写完整程序，使程序实现其功能。

```c
#include<stdlib.h>
#include<stdio.h>
void main()
  {
      FILE *in, *out;
      in=fopen("g1","r");
      out=fopen("g2","w");
      while(_____)
           fputc(fgetc(in),out);
      _____;
      while(_____)
           putchar(fgetc(in));
      fclose(in);
      fclose(out);
  }
```

10．下面程序的功能是：从一个文件名为 b1 的文件中顺序读取字符，并在屏幕上显示。请填写完整程序，使程序实现其功能。

```c
#include<stdlib.h>
#include<stdio.h>
void main()
{
      FILE *fp;
      int ch;
      if((fp=fopen("b1.txt","r"))= =NULL)
      {
          printf("\nerror:cann't open b1.txt");
          exit(0);
      }
       ch=_____;
       while(_____)
        {
            putchar(ch);
            ch= _____;
        }
       fclose(fp);
  }
```

三、读程序，写结果

1.

```c
#include<stdio.h>
void main()
```

```
        {
            FILE *fp;int i, k=0,n=0;
            fp=fopen("d1.dat","w");
            for(i=1;i<4;i++)
            fprintf(fp,"%d",i);
            fclose(fp);
            fp=fopen("d1.dat","r");
            fscanf(fp,"%d",&k);
            printf("%d\n%d\n",k,n);
            fclose(fp);
        }
```

2. 假定在当前盘当前目录下有两个文本文件 al.txt 和 a2.txt，其内容分别为 12345# 和 678910# 。

```
        #include<stdlib.h>
        #include<stdio.h>
        void main()
        {
            FILE *fp;
            char c;
            fp=fopen("a1.txt","r");
            while((c=fgetc(fp))!='#')
              putchar(c);
            putchar('\n');
            fclose(fp);
            fp=fopen("a2.txt","r");
            while((c=fgetc(fp))!='#')
              putchar(c);
            fclose(fp);
        }
```

3.

```
        #include<stdlib.h>
        #include<stdio.h>
        void main()
        {
            FILE *fp;
            float sum=0.0,x;
            int i;
            float y[4]={-12.1,13.2,-14.3,15.4};
            if((fp=fopen("data1.dat","wb"))==NULL)
                exit(0);
            for(i=0; i<4; i++)
                fwrite(&y[i],4,1,fp);
            fclose(fp);
```

```
        if((fp=fopen("data1.dat","rb"))= =NULL)
          exit(0);
        for(i=0;i<4;i++,i++)
          {
          fread(&x,4,1,fp);
          sum+=x;
          }
        printf("%f\n",sum);
        fclose(fp);
    }
```

4.

```
    #include <stdio.h>
    void main()
    {
        FILE *fp;
        int i,j;
        char ch;
        fp=fopen("file1.txt","w");
        for ( i=1; i<=4; i++ )
        {
            for ( j=1; j<=4; j++ )
                fprintf( fp, "%3d", i*j );
            fprintf( fp, "\n" );
        }
        fclose( fp );
        fp=fopen("file1.txt","r");
        ch=fgetc(fp);
        while( !feof(fp) )
        {
            putchar(ch);
            ch=fgetc(fp);
        }
            fclose(fp);
    }
```

5.

```
    #include <stdio.h>
    void main()
    {
        FILE *fp;
        int a[10] = { 11,22,33,44,55,66,77,88,99,100 };
        int b[6], i;
        fp = fopen( "test.dat", "wb" );
        fwrite( a, sizeof(int), 10, fp );
        fclose( fp );
```

```
          fp = fopen( "test.dat", "rb" );
          fread( b, sizeof(int), 6, fp );
          fread( b+2, sizeof(int), 4, fp );
          fclose( fp );
          for ( i = 0; i < 6; i++ )
              printf( "%d   ", b[i] );
      }
```

四、编程题

1．从键盘输入一个字符串，将其中的大写字母转换成小写字母，然后输出到磁盘文件 test1 中保存。

2．有 3 个学生，每个学生有两门课的成绩，定义结构体类型，编程：从键盘输入数据（包括学号，姓名和两门课成绩），计算出平均成绩，将原有数据和计算出的平均成绩存放在磁盘文件 student 中。

3．有一个整数文件（二进制文件），读取其中的数值，如果为奇数则加 1；如果为偶数则减 1。将新的数存放到新的文件中去。

附　　录

附录 A　常用字符与 ASCII 代码对照表

ASCII 值	字符	控制字符	ASCII 值	字符	ASCII 值	字符	ASCII 值	字符
000	(null)	NUL	032	(space)	064	@	096	'
001	☺	SOH	033	!	065	A	097	a
002	●	STX	034	"	066	B	098	b
003	♥	ETX	035	#	067	C	099	c
004	♦	EOT	036	$	068	D	100	d
005	♣	END	037	%	069	E	101	e
006	♠	ACK	038	&	070	F	102	f
007	(beep)	BEL	039	'	071	G	103	g
008	▣	BS	040	(	072	H	104	h
009	(tab)	HT	041	)	073	I	105	i
010	(line feed)	LF	042	*	074	J	106	j
011	(home)	VT	043	+	075	K	107	k
012	(form feed)	FF	044	,	076	L	108	l
013	(carriage return)	CR	045	–	077	M	109	m
014	♫	SO	046	°	078	N	110	n
015	☼	SI	047	/	079	O	111	o
016	►	DLE	048	0	080	P	112	p
017	◄	DC1	049	1	081	Q	113	q
018	↕	DC2	050	2	082	R	114	r
019	‼	DC3	051	3	083	S	115	s
020	¶	DC4	052	4	084	T	116	t
021	ξ	NAK	053	5	085	U	117	u
022	▬	SYN	054	6	086	V	118	v
023	↕	ETB	055	7	087	W	119	w
024	↑	CAN	056	8	088	X	120	x
025	↓	EM	057	9	089	Y	121	y
026	→	SUB	058	:	090	Z	122	z
027	←	ESC	059	;	091	[	123	{
028	∟	FS	060	<	092	\	124	¦
029	◆	GS	061	=	093	]	125	}
030	▲	RS	062	>	094	∧	126	~
031	▼	US	063	?	095	_	127	⌂

附录 B　C 语言中的关键字

auto	break	case	char	continue
default	do	double	else	extern
float	for	goto	if	int
long	register	return	short	signed
sizeof	static	struct	switch	unsigned
void	while			

附录 C　运算符和结合性

优先级	运　算　符	含　　义	要求运算对象的个数	结　合　方　向
1	（　） [　] —> .	圆括号 下标运算符 指向结构体成员运算符 结构体成员运算符		自左至右
2	! ~ ++ -- - （类型） * & sizeof	逻辑非运算符 按位取反运算符 自增运算符 自减运算符 负号运算符 类型转换运算符 指针运算符 取地址运算符 长度运算符	1（单目运算符）	自右至左
3	* / %	乘法运算符 除法运算符 求余运算符	2（双目运算符）	自左至右
4	+ -	加法运算符 减法运算符	2（双目运算符）	自左至右
5	<< >>	左移运算符 右移运算符	2（双目运算符）	自左至右
6	< <= > >=	关系运算符	2（双目运算符）	自左至右
7	== !=	等于运算符 不等于运算符	2（双目运算符）	自左至右
8	&	按位与运算符	2（双目运算符）	自左至右
9	^	按位异或运算符	2（双目运算符）	自左至右
10	|	按位或运算符	2（双目运算符）	自左至右
11	&&	逻辑与运算符	2（双目运算符）	自左至右
12	||	逻辑或运算符	2（双目运算符）	自左至右
13	?:	条件运算符	3（三目运算符）	自右至左
14	= += -= *= /= %=	赋值运算符	2（双目运算符）	自右至左
15	,	逗号运算符 （顺序求值运算符）		自左至右

附录 D C 库函数

1. 数学函数

使用数学函数时，应该在源文件中使用以下命令行：

#include <math.h>或#include "math.h"

函 数 名	函 数 类 型	功 能	返 回 值	说 明
abs	int abs(int x)	求整数 x 的绝对值	计算结果	
acos	double acos(double x);	计算 $\cos^{-1}(x)$ 的值	计算结果	x 应在-1~1 范围内
asin	double asin(double x);	计算 $\sin^{-1}(x)$ 的值	计算结果	x 应在-1~1 范围内
atan	double atan(double x);	计算 $\tan^{-1}(x)$ 的值	计算结果	
atan2	double atan2(double x, double y);	计算 $\tan^{-1}(x/y)$ 的值	计算结果	
cos	double cos(double x);	计算 $\cos(x)$ 的值	计算结果	x 单位为弧度
cosh	double cosh(double x);	计算 x 的双曲余弦 $\cosh(x)$ 的值	计算结果	
exp	double exp(double x);	求 e^x 的值	计算结果	
fabs	double fabs(double x);	求 x 的绝对值	计算结果	
floor	double floor(double x);	求出不大于 x 的最大整数	该整数的双精度实数	
fmod	double fmod(double x, double y),	求整除 x/y 的余数	返回余数的双精度数	
frexp	double frexp(val, eptr) double val; int*eptr;	把双精度数 val 分解为数字部分（尾数）x 和以 2 为底的指数 n，即 val=x*2^n,n 存放在 eptr 指向的变量中	返回数字部分 x $0.5 \leqslant x < 1$	
log	double log(double x);	求 $\log_e x$，即 lnx	计算结果	
log10	double log10(double x);	求 $\log_{10}x$	计算结果	
modf	double modf(double val, double *iptr);	把双精度数 val 分解为整数部分和小数部分，把整数部分存到 iptr 指向的单元	val 的小数部分	
pow	double pow(doublex, double y);	计算 x^y 的值	计算结果	
rand	int rand(void)	产生随机整数	随机整数	
sin	double sin(double x);	计算 sinx 的值	计算结果	x 单位为弧度
sinh	double sinh(double x);	计算 x 的双曲正弦函数 $\sinh(x)$ 的值	计算结果	
sqrt	double sqrt(double x);	计算 $\sqrt{x}$	计算结果	$x \geqslant 0$
tan	double tan(double x);	计算 $\tan(x)$ 的值	计算结果	x 单位为弧度
tanh	double tanh(double x);	计算 x 的双曲正切函数 $\tanh(x)$ 的值	计算结果	

2. 字符函数和字符串函数

使用字符串函数时，应该在源文件中使用命令行：#include <string.h>，使用字符函数时，应该在源文件中使用命令行：#include < ctype.h>。

函数名	函 数 原 型	功　　能	返　回　值	包 含 文 件
isalnum	int isalnum(int ch);	检查 ch 是否是字母(alpha)或数字(numperic)	是字母或数字返回 1；否则返回 0	ctype.h
isalpha	int isalpha(int ch);	检查 ch 是否为字母	是，返回 1；不是则返回 0	ctype.h
iscntrl	int iscntrl(int ch);	检查 ch 是否控制字符(其 ASCII 码在 0 和-x1F 之间)	是，返回 1；不是则返回 0	ctype.h
isdigit	int isdigit(int ch);	检查 ch 是否数字（0～9）	是，返回 1；不是则返回 0	ctype.h
isgraph	int isgraph(int ch);	检查 ch 是否可打印字符（其 ASCII 码在 0x21～0x7E 之间），不包括空格	是，返回 1；不是则返回 0	ctype.h
islower	int islower(int ch);	检查 ch 是否为小写字母（a～z）	是，返回 1；不是则返回 0	ctype.h
isprint	int isprint(int ch);	检查 ch 是否可打印字符（其 ASCII 码在 0x20～0x7E 之间），包括空格	是，返回 1；不是则返回 0	ctype.h
ispunct	int ispunct(int ch);	检查 ch 是否标点字符（不包括空格），即除字母、数字和空格以外的所有可打印字符	是，返回 1；不是则返回 0	ctype.h
isspace	int isspace(int ch);	检查 ch 是否空格、跳格符（制表符）或换行符	是，返回 1；不是则返回 0	ctype.h
isupper	int isupper(int ch);	检查 ch 是否为大写字母（A～Z）	是，返回 1；不是则返回 0	ctype.h
isxdigit	int isxdigit(int ch);	检查 ch 是否一个 16 进制数学字符（即 0～9，或 A～F，或 a～f）	是，返回 1；不是则返回 0	ctype.h
strcat	char *strcat(str1,str2)　char *str1, *str2;	把字符串 str2 接到 str1 后面，str1 最后面的'\0'被取消	str1	string.h
strchr	char *strchr(char *str, int ch);	找出 str 指向的字符串中第一次出现字符 ch 的位置	返回指向该位置的指针，如找不到，则返回空指针	string.h
strcmp	int strcmp(char *str1, char *str2);	比较两个字符串 str1、str2	str1<str2,返回负数　str1=str2,返回 0　str1>str2,返回正数	string.h
strcpy	char *strcpy(char *str1, char *str2);	把 str2 指向的字符串复制到 str1 中去	返回 str1	string.h
strlen	unsigned int strlen(char *str);	统计字符串 str 中字符的个数（不包括终止符'\0'）	返回字符个数	string.h
strstr	char *strstr(char *str1, char *str2);	找出 str2 字符串在 str1 字符串中第一次出现的位置（不包括 str2 的串结束符）	返回该位置的指针，如找不到，则返回空指针	string.h
tolower	int tolower(int ch);	将 ch 字符转换为小写字母	返回 ch 所代表的字符的小写字母	ctype.h
toupper	int toupper(int ch);	将 ch 字符转换成大写字母	与 ch 相应的大写字母	

3．输入输出函数

使用输入输出函数时，应该在源文件中使用命令行：#include<stdio.h>。

函数名	函数原型	功　　能	返　回　值	说　　明
clearerr	void clearer(FILE *fp);	使 fp 所指文件的错误标志和文件结束标志置 0	无	
close	int close(int fp);	关闭文件	关闭成功返回 0；不成功，返回-1	非 ANSI 标准
creat	intcreat(char *filename,int mode);	以 mode 所指定的方式建立文件	成功则返回正数；否则返回-1	非 ANSI 标准
eof	inteof(int handle);	检查文件是否结束	遇文件结束，返回 1；否则返回 0	非 ANSI 标准
fclose	int fclose(FILE *fp);	关闭 fp 所指文件，释放文件缓冲区	有错返回非 0；否则返回 0	
feof	int feof(FILE *fp);	检查文件是否结束	遇文件结束符返回非零值，否则返回 0	

函数名	函 数 原 型	功 能	返 回 值	说 明
fgetc	int fgetc(FILE *fp);	从 fp 所指定的文件中取得下一个字符	返回所得到的字符，若读入出错，返回 EOF	
fgets	char *fgets(char *buf,int n,File *fp);	从 fp 指向的文件读取一个长度为 (n-1)的字符串，存入起始地址为 buf 的空间	返回地址 buf，若遇文件结束或出错，返回 NULL	
fopen	FILE *fopen(char *filename,char *mode);	以 mode 指定的方式打开名为 filename 的文件	成功，返回一个文件指针；否则返回 0	
fprintf	int printf(FILE *fp,char *format,args,…);	把 args 的值以 format 指定的格式输出到 fp 所指定的文件中	实际输出的字符数	
fputc	int fputc(char ch,FILE *fp);	将字符 ch 输出到 fp 指向的文件中	成功，则返回该字符；否则返回 EOF	
fputs	int fputs(char *str,FILE *fp);	将 str 指向的字符串输出到 fp 所指定的文件	返回 0，若出错返回非 0	
fread	int fread(char *pt, unsigned size, unsigned n,FILE *fp);	从 fp 所指定的文件中读取长度为 size 的 n 个数据项，存到 pt 所指向的内存区	返回所读的数据项个数，如遇文件结束或出错返回 0	
fscanf	int fscanf(FILE *fp, char format,args,…);	从 fp 指定的文件中按 format 给定的格式将输入数据送到 args 所指向的内存单元（args 是指针）	已输入的数据个数	
fseek	int fseek(FILE *fp, long offset,int base);	将 fp 所指向的文件的位置指针移到以 base 所指出的位置为基准、以 offset 为位移量的位置	返回当前位置；否则，返回-1	
ftell	long ftell(FILE *fp);	返回 fp 所指向的文件中的读写位置	返回 fp 所指向的文件中的读写位置	
fwrite	int fwrite(char *ptr, unsigned size, unsigned n,FILE *fp);	把 ptr 所指向的 n*size 个字节输出到 fp 所指向的文件中	写到 fp 文件中的数据项的个数	
getc	int getc(FILE *fp);	从 fp 所指向的文件中读入一个字符	返回所读的字符，若文件结束或出错，返回 EOF	
getchar	int getchar(void);	从标准输入设备读取下一个字符	所读字符，若文件结束或出错，返回-1	
getw	int getw(FILE *fp);	从 fp 所指向的文件读取下一个字（整数）	输入的整数，如文件结束或出错，返回-1	非 ANSI 标准
open	int open(char *filename, int mode);	以 mode 指出的方式打开已存在的名为 filename 的文件	返回文件号（正数），如打开失败，返回-1	非 ANSI 标准
printf	int printf (char *format,args,…);	将输出表列 args 的值输出到标准输出设备	输出字符的个数，若出错，返回 EOF	format 可以是一个字符串，或字符数组的起始地址
putc	int putc(int ch,FILE *fp);	把一个字符 ch 输出到 fp 所指的文件中	输出的字符 ch，如出错，返回 EOF	
putchar	int putchar(char ch);	把字符 ch 输出到标准输出设备	输出的字符 ch，如出错，返回 EOF	
puts	int puts(char *str);	把 str 指向的字符串输出到标准输出设备，将'\0'转换为回车换行	返回换行符，若失败，返回 EOF	
putw	int putw(int w,FILE *fp);	将一个整数 w(即一个字)写到 fp 所指向的文件中	返回输出的整数，若出错，返回 EOF	非 ANSI 标准
read	int read(int fd,char *buf,unsigned count);	从文件号 fd 所指示的文件中读 count 个字节到由 buf 指示的缓冲区	返回真正读入的字节个数，如遇文件结束返回 0，出错返回-1	非 ANSI 标准
rename	int rename(char *oldname, char * newname);	把由 oldname 所指的文件名改为由 newname 所指的文件名	成功返回 0，出错返回-1	
rewind	void rewind(FILE *fp);	将 fp 指示的文件中的位置指针置于文件开头位置，并清除文件结束标志和错误标志	无	
scanf	int scanf(char *format, args,…);	从标准输入设备按 format 指向的格式字符串规定的格式，输入数据给 args 所指向的单元	读入并赋给 args 的数据个数，遇文件结束返回 EOF，出错返回 0	args 为指针

函数名	函 数 原 型	功 能	返 回 值	说 明
write	int write(int fd,char *buf,unsigned count);	从 buf 指示的缓冲区输出 count 个字符到 fd 所标志的文件中	返回实际输出的字节数，如出错返回-1	非 ANSI 标准

4. 动态存储分配函数

下列动态存储分配函数在使用时，应该在源文件中使用命令行#include<stdlib.h>或使用#include<malloc.h>。

函数名	函数和形参类型	功 能	返 回 值
calloc	void*calloc(unsigned n,unsigned size);	分配 n 个数据项的内存连续空间，每个数据项的大小为 size	分配内存单元的起始地址，如不成功，则返回 0
free	void free(void *p);	释放 p 所指的内存区	无
malloc	void* malloc(unsigned size);	分配 size 字节的存储区	所分配的内存区地址，如内存不够，返回 0
realloc	void*realloc(void *p,unsigned size);	将 p 所指的已分配内存区的大小改为 size,size 可以比原来分配的空间大或小	返回指向该内存区的指针

附录 E   Visual C++6.0 编程环境

Visual C++6.0（简称为 VC++6.0）是 Microsoft 公司出品的基于 Windows 环境的 C/C++ 开发工具，它是 Microsoft Visual Stdio 套装软件的一个组成部分。C 源程序可以在 VC++6.0 集成环境中进行编译、连接和运行。

1. VC++6.0 主窗口

从 Visual Stdio 的光盘中运行 VC++6.0 安装程序（Setup.exe），完成安装后，就可以从桌面上顺序选择“开始”→“程序”→“Microsoft Visual Stdio/Microsoft Visual C++6.0”或用鼠标双击桌面上的 VC++6.0 快捷图标来启动。启动后的 VC++6.0 主窗口如图 E-1 所示。

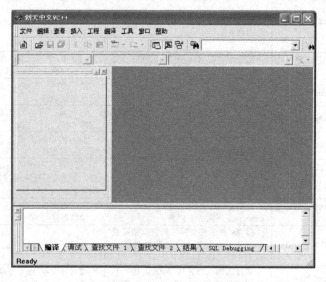

图 E-1   VC++6.0 主窗口

2. 输入和编辑 C 源程序

在 Visual C++主窗口的主菜单中选择"文件"→"新建",屏幕上出现"新建对话框",如图 E-2 所示。单击此对话框的"文件"选项卡,选择"C++ Source File"选项建立新的C++源程序文件,然后在对话框右边的目录文本框中输入准备编辑的源程序文件的存储路径(如:D:\C 源程序),在对话框右侧的文件文本框中输入准备编辑的 C 源程序文件名(如:sy1_1.C.。扩展名.c 表示建立的是 C 源程序,若不加扩展名,则默认的文件后扩展名.cpp,表示建立的是 C++源程序。

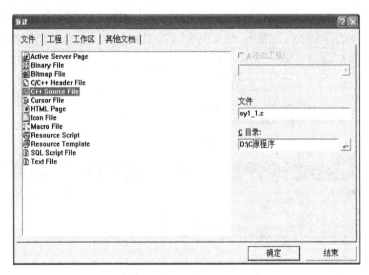

图 E-2 "新建"对话框

单击"确定"按钮,返回 Visual C++主窗口,此时窗口的标题栏中显示当前编辑的源程序文件名 sy1_1.c,如图 E-3 所示。可以看到光标在程序编辑窗口闪烁,表示程序编辑窗口已激活,可以输入和编辑源程序了。

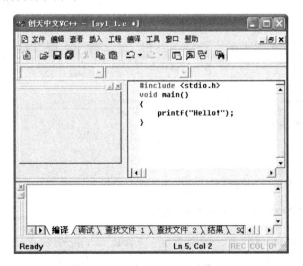

图 E-3 编辑窗口

VC 编辑器的编辑功能和 Windows 的记事本很相似，并提供了许多用于编写代码的功能，如关键字加亮、自动调整格式等。鼠标和键盘配合使用，可大大加快编写速度。

程序输入完毕选择"文件"→"保存"，或单击工具栏上的"保存"按钮，也可以用〈Ctrl+S〉键来保存文件。

3. 编译、连接和运行

程序编写完毕后，选择菜单"编译"→"编译"命令，或单击工具栏上的"编译"图标，也可以按〈Ctrl+F7〉键，开始编译。但在正式编译之前，VC 会先弹出图 E-4 所示的对话框，询问是否建立一个默认的项目工作区。VC 必须有项目才能编译，所以这里必须回答"是"。

图 E-4　编译源程序产生工作区消息框

在进行编译时，编译系统检查源程序中的语法，并在主窗口下部的调试信息窗口输出编译的信息，如果有语法错，就会指出错误的位置和性质，并统计错误和警告的个数，如图 E-5 所示。

图 E-5　编译正确窗口

如果编译没有错误，在得到目标程序（如 sy1_1.obj）后，就可以对程序连接了，单击〈F7〉键或工具栏图标 ▦ ，生成应用程序的.EXE 文件（如 sy1_1.exe）。

以上介绍的是分别进行程序的编译与连接，实际应用中也可以直接按〈F7〉键一次完成编译与连接。

在得到可执行文件（如 sy1_1）后，就可以运行程序了。选择菜单"编译"→"执行"，或单击工具栏上的执行图标 ❗ ，也可以使用〈Ctrl+F5〉键，程序将在一个新的 Dos 窗口中运行。程序运行完毕后，系统会自动加上一行提示信息"Press any key to continue"，如图 E-6 所示，按照提示按任意键即关闭 Dos 运行窗口返回 VC++6.0 开发环境。

图 E-7 是"编译、连接"工具栏，它提供了常用的编译、连接以及运行操作命令。表 E-1 则是编译、连接以及运行命令的功能列表。

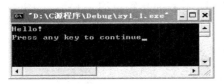 

图 E-6　sy1_1 程序运行结果　　　　　图 E-7　"编译、连接"工具栏

表 E-1　编译、连接工具栏按钮命令及功能描述

按　钮　命　令	功　能　描　述
Compile ❸	编译 C 或 C++源代码文件
Build ▦	生成应用程序的.EXE 文件
Stop Build ❖	停止编译和连接
Execute ❗	执行应用程序
Go ❖	单步执行
Inserrt/Remove Breakpoint ✋	插入或消除断点

4．关闭程序工作区

当一个程序编译连接后，VC++系统自动产生相应的工作区，以完成程序的运行和调试。若需要执行第 2 个程序时，必须关闭前一个程序的工作区，然后通过新的编译连接，产生第 2 个程序的工作区。

"文件"菜单提供关闭程序工作区功能，如图 E-8a 所示，执行"关闭工作区"菜单功能，然后在图 E-8b 所示对话框中选择"否"按钮。如果选择"是"按钮将同时关闭源程序窗口。

　　　　a)　　　　　　　　　　　　　　　　b)

图 E-8　关闭程序工作区

241

5．程序的调试

程序调试的任务是发现和改正程序中的错误，使程序能正常运行。编译系统能检查程序的语法错误。语法错误分为两类：一类是致命错误，以 error 表示，如果程序中有这类错误，就通不过编译，无法形成目标程序，更谈不上运行了；另一类是轻微错误，以 warning 表示，这类错误不影响生成目标程序和程序的执行，但可能影响运行的结果，因此也应当改正，使程序既无 error，也无 warning。

在图 E-9 下方的调试窗口中可以看到编译的信息，指出源程序有 1 个 error 和 0 个 warning。用鼠标移动调试窗口右侧的滚动条，可以看到程序出错的位置和性质。用鼠标双击调试信息窗口的报错行，则在程序窗口中出现一个粗箭头指向被报错的程序行，提示出错的位置。根据出错内容提示信息（missing ';' before '}'），经检查程序，发现在程序第 4 行的末端漏写了分号。注意，在分析编译系统错误信息报告时，要检查出错点的上下行。当所有出错点均改正后，再进行编译调试，直至编译信息为：0 error(s)，0 warning(s)表示编译成功。

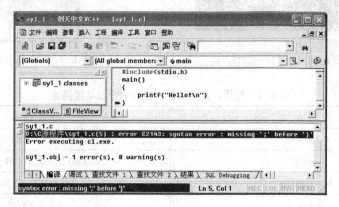

图 E-9　编译产生的错误信息

（1）程序执行到中途暂停以便观察阶段性结果

方法一：使程序执行到光标所在的那一行暂停。

① 在需暂停的行上单击鼠标，定位光标。

② 如图 E-10 所示，选择菜单"编译"→"开始调试"→"Run to Cursor"，或按〈Ctrl+F10〉键，程序将执行到光标所在行会暂停。如果把光标移动到后面的某个位置，再按〈Ctrl+F10〉键，程序将从当前的暂停点继续执行到新的光标位置，第 2 次暂停。

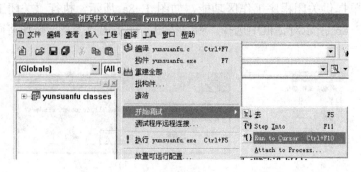

图 E-10　执行到光标所在行暂停

方法二：在需暂停的行上设置断点。

① 在需设置断点的行上单击鼠标，定位光标。

② 按"编译微型条"中最右面的按钮 ✋，或按〈F9〉键设置断点。被设置了断点的行前面会有一个红色圆点标志。

（2）设置需观察的结果变量

按照上面的操作，使程序执行到指定位置时暂停，目的是为了查看有关的中间结果。在图 E-11 中，左下角窗口中系统自动显示了有关变量的值，其中 a 和 b 的值分别是 5、6，而变量 c、d 的值是不正确的，因为它们还未被赋值。图 E-11 中左侧的箭头表示当前程序暂停的位置。如果还想增加观察变量，可在图 E-11 中右下角的"Name"框中填入相应变量名。

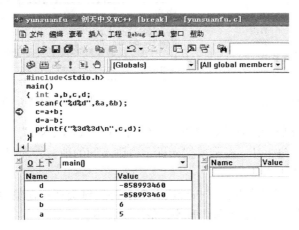

图 E-11　观察结果变量

（3）单步执行

当程序执行到某个位置时发现结果已经不正确了，说明在此之前肯定有错误存在。如果能确定一小段程序可能有错，先按上面步骤暂停在该小段程序的头一行，再输入若干个查看变量，然后单步执行，即一次执行一行语句，逐行检查下来，观察错误发生在哪一行。

当程序运行于 Debug 状态下时，程序会由于断点而停顿下来。原来的"编译"菜单也变成了"Debug"菜单，如图 E-12 所示。

运行当前箭头指向的代码即单步执行按"⟐Step Over"按钮或〈F10〉键；如果当前箭头所指的代码是一个函数的调用，想进入函数进行单步执行，可按"⟐Step Into"按钮或按〈F11〉键；如果当前箭头所指向的代码是在某一函数内，想结束函数的单步执行，使程序运行到函数返回处，可按"✋Step Out"按钮或〈Shift+F11〉键。对不是函数调用的语句来说，〈F11〉键与〈F10〉键作用相同。但一般对系统函数不要使用〈F11〉键。

（4）断点的使用

使用断点可以使程序暂停。但一旦设置了断点，每次执行程序都会在断点上暂停。因此调试结束后应取消所定义的断点。方法是：先把光标定位在断点所在行，再按"编译微型条"中最右面的按钮 ✋ 或〈F9〉键，该操作是一个开关，按一次是设置，按两次是取消设置。如果有多个断点想全部取消，可执行"编辑"菜单中的"断点"菜单项，屏幕上会显示"Breakpoints"窗口，如图 E-13 所示，窗口下方列出了所有断点，按"Remove All"按钮，将取消所有断点。

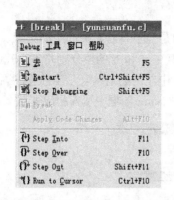

图 E-12 "Debug"菜单

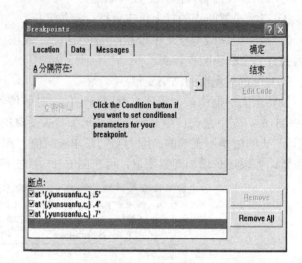

图 E-13 取消所有断点

断点通常用于调试较长的程序，可以避免使用 "Run to Cursor"（运行程序到光标处暂停）或〈Ctrl+F10〉键功能时，经常要把光标定位到不同的地方。而对于长度为上百行的程序，要寻找某位置并不太方便。

如果一个程序设置了多个断点，按一次〈Ctrl+F5〉键会暂停在第 1 个断点，再按一次〈Ctrl+F5〉键会继续执行到第 2 个断点暂停，依次执行下去。

（5）停止调试

使用 "Debug"菜单的 "Stop Debugging"菜单项，或〈Shift+F5〉键可以结束调试，从而回到正常的运行状态。

参 考 文 献

[1] 吉顺如. C 程序设计习题集与课程设计指导[M]. 北京：电子工业出版社，2012.

[2] 谭浩强. C 程序设计[M]. 3 版. 北京：清华大学出版社，2005.

[3] 姚庭宝,等. 高级语言程序设计上机模拟试题分析与解答[M]. 北京：电子工业出版社，2002.

[4] 夏宝岚,等. C 程序设计实验教程[M]. 上海：华东理工大学出版社，2002.

参考文献

[1] ...2012.
[2] ...2001.
[3] ...2002.
[4] ...2002.